I0477183

Doris Schneeberger

Ethische Missstände im kontemporären Pferdesport

Published via Lulu.com

Raleigh, N.C.

ISBN 978-1-300-85261-2

Danksagung

Danken möchte ich allen, die mich bisher unterstützt haben – in besonderer Weise meinen Eltern, die mir mein Studium ermöglicht haben. Mein Dank geht auch an Ao. Univ.-Prof. Dr. Heinrich Ganthaler, der mich bei der Erstellung dieser Diplomarbeit betreut hat. Danken möchte ich hiermit außerdem Mag. Robert Kogler, der mich ermutigt hat, dieses Thema zu bearbeiten und mir bei juristischen Aspekten beratend zur Seite gestanden hat. Darüber hinaus ergeht mein Dank auch an den Leser, denn eine tierethische Abhandlung wie diese, die dem Bereich der Angewandten Ethik zugeordnet wird, hat nur dann wirklich Bedeutung, wenn sie gelesen wird.

Vorbemerkungen

Dieses Buch ist eine leicht überarbeitete Version meiner philosophischen Diplomarbeit, die ich im Jänner 2013 an der Kultur- und Gesellschaftswissenschaftlichen Fakultät der Universität Salzburg eingereicht habe.

Die in diesem Werk verwendete Sprache entspricht nicht dem modernen Trend, die deutsche Sprache gendergerechter zu gestalten. Dort, wo das Geschlecht eine Rolle spielt, wird darauf hingewiesen; wo dies nicht der Fall ist, wird die traditionelle androzentrische Form beibehalten, um sich auf beide Geschlechter zu beziehen. Dadurch soll deutlich gemacht werden, dass das Geschlecht kein entscheidender Faktor ist bzw. in diesem Fall irrelevant ist. Somit kann möglicherweise auch eine Gleichstellung betont werden, ohne auf Geschlechterunterschiede hinzuweisen und die Sprache anzupassen.

In diesem Buch werden die mir am wesentlichsten erscheinenden ethische Missstände im Pferdesport diskutiert. Es wird kein Anspruch auf eine vollständige Darstellung aller ethischen Missstände in diesem Bereich erhoben.

Des Weiteren werden in diesem Buch etliche Fachleute aus verschiedenen Bereichen zitiert. Diese Sammlung verschiedener Ansichten soll dem Leser einen wertvollen und interessanten Überblick bieten. Um den Leser anzuspornen, seine eigene Sicht der Dinge auszubilden und ggf. zu überdenken, tritt die Stimme der Autorin bei Bedarf in den Hintergrund. Auch wird der Leser in diesem Werk des Öfteren nicht fürsorglich bei der Hand genommen, sondern ist gefordert, sich zu einem gewissen Grad selbst zu orientieren. Somit schlägt sich die ethische Forderung, sich seine eigene Meinung zu bilden, teilweise auch in dem Stil dieses Werkes nieder.

Inhaltsverzeichnis

0   Einleitung

Die folgenden Betrachtungen sind ein Konvolut meiner ethischen Ansichten, meiner Erfahrungen mit Pferden und mit Menschen, die sich in der Pferdeszene bewegen. Es handelt sich dabei um eine (persönliche) kritische Erörterung der Zustände. Gesetzliche Vorgaben werden skizziert und zuweilen wird auch darüber hinausgehend ethisch argumentiert. Da ich selbst Dressurreiterin bin, folgt die Betrachtung der ethischen Missstände im Pferdesport aus dieser Perspektive. Schon seit meiner Kindheit bin ich "pferdeverrückt". Pferde und (Dressur)Reiten sind meine Passion. Da mir das Schicksal der Pferde am Herzen liegt, bemühe ich mich in dieser Arbeit, an ihrer statt Stellung zu beziehen und ihre Interessen zu vertreten.

Im ersten Teil dieses Buches wird die ethische Basis, auf der die spätere Argumentation aufbaut, dargelegt. Der hier vertretene ethische Ansatz entspricht einer pathozentrischen Position im Rahmen einer interessensorientierten Moralkonzeption. Der zweite Teil ist ein historischer Abriss über die Entwicklung des Pferdesports. Dieser ist hilfreich, um die gegenwärtige Situation besser einschätzen und verstehen zu können. Im dritten Teil werden die wichtigsten momentan herrschenden Missstände in verschiedenen Bereichen rund um den Pferdesport angeführt. Es wird begründet, warum gewisse Zustände Missstände sind. Um dies zu untermauern, werden die

Gesetze bzw. Richtlinien angegeben, gegen die in den konkreten Fällen verstoßen wird. Schließlich wird in der Konklusion diskutiert, welche Maßnahmen zur Verbesserung der aktuellen Situation getroffen werden könnten. Das vorliegende Werk hat somit eine historische, deskriptive und normative Dimension.

1 Warum Moral? Metaethische Überlegungen zu Moral und Legislatur; Pathozentrik basierend auf einer interessensorientierten Moralkonzeption

Warum moralisch sein?

> Moralisch sein lohnt sich deshalb, weil es die Erhaltung der Atmosphäre des gegenseitigen Vertrauens garantiert und weil Pflichttreue zumindest indirekt honoriert wird. [...] Moralisch sein lohnt sich auch für mich als Mittel zur Vertrauensbildung und zur Vermeidung von Sanktionen. (Wolf 2005, p.116)

Sanktionen für moralisch unangepasstes Verhalten können uns einerseits von der Gesellschaft oder Gemeinschaft, in der wir leben, auferlegt werden. "Moral ist – stärker als das positive Recht – in Gefühlen, Charaktereigenschaften und Gewissen sowie im gesellschaftlichen Druck und der gegenseitigen Kontrolle verwurzelt." (Wolf 2005, p.12) Andererseits sanktionieren wir uns praktisch selbst, indem wir ein schlechtes Gewissen haben, wenn wir einen moralischen Verstoß begehen. Das schlechte oder gute Gewissen ist ein Mittel unserer Natur, uns mit Zuckerbrot und Peitsche zu moralisch gutem Verhalten zu erziehen.

Moralisch gutes Verhalten ist der Kitt von Gemeinschaften. Wenn ich mich als Mitglied einer Gemeinschaft hilfsbereit und unterstützend verhalte, stärke ich einzelne Mitglieder und indirekt die gesamte Gemeinschaft. Schon seit der Mensch noch mehr Affe als Mensch war, schließt er sich zu Gruppen und Gemeinschaften zusammen, denn gemeinsam ist man stark. Teil einer Gruppe zu sein bringt klare Vorteile im Kampf um Überleben und Weitergabe der Gene. Um das Funktionieren einer Gruppe zu erleichtern, gibt es meistens unausgesprochene moralische Maßgaben, nach denen sich die Mitglieder verhalten sollen und wollen. "Gänzlich ohne (moralische) Regeln kann anscheinend keine Sozietät existieren." (Wuketits 2010, p.15) Verhält man sich moralisch gut, geht das mit Belohnung in Form von Dankbarkeit und Harmonie einher, verhält man sich moralisch schlecht und schadet z.B. einem Mitglied der Gruppe, benimmt sich respektlos oder beleidigt jemanden, geht das möglicherweise mit Sanktionen einher, die einerseits von einem einzigen Gruppenmitglied ausgeübt werden können oder auch von der gesamten Gruppe ausgehen können. Im schlimmsten Fall wird das Individuum aus der Gruppe ausgeschlossen, was in Zeiten des Steinzeitmenschen natürlich andere Auswirkungen hatte als heutzutage. Dennoch ist der Mensch auch heute noch so beschaffen, dass er die Unterstützung der Gruppe sucht bzw. sogar zu einem gewissen Grad auf sie angewiesen ist. Im Endeffekt sind große Errungenschaften und Leistungen oft nur durch Kooperation machbar. Wenn wir krank sind und es keinen Arzt gibt, der uns hilft, oder wir keine Medikamente erhalten, kann es sein, dass das unser individuelles Ende bedeutet.

Das Sanktionieren und Belohnen von Handlungen einzelner Mitglieder einer Gruppe ist kein ausschließlich menschliches Phänomen, sondern existiert auch bei anderen Spezies, die in einem Gruppengefüge leben, das für das Überleben des Individuums oft von großer Bedeutung ist. In allen funktionierenden Gruppen gibt es eine gewisse Rangordnung, die den einzelnen Individuen Handlungsmöglichkeiten und -verbote auferlegt. Respektiert ein Mitglied der Gruppe diese nicht, kommt es zu Unruhen und Rangkämpfen.

> [...] manche Beobachtungen an Schimpansen, unseren nächsten Verwandten im Tierreich, legen nahe, dass Moralität keine menschliche Eigenart sei, sondern zumindest in bestimmten ursprünglichen Ausprägungen auch jenen Kreaturen zugestanden werden muss. (Wuketits 2010, p.21f)

Wenn wir uns auf diese Wurzeln besinnen, wird verständlicher, warum es uns generell nicht ganz egal ist, was andere von uns denken und warum wir Stress erleben, wenn wir – z.B. im Fall von Mobbing – von der Gruppe isoliert werden.

Grundsätzlich ist es der Fall, dass unser Handeln zumeist Folgen nach sich zieht. Es kann Auswirkungen auf andere innerhalb kleiner Gemeinschaften haben oder auch Individuen der "globalen Gemeinschaft" betreffen. Es gibt Handlungen, die moralisch relevant sind, aber auch solche, die moralisch indifferent sind. Es gibt moralisch gute und schlechte Handlungen, genauso wie es moralisch bessere und schlechtere

Handlungsalternativen gibt. Es gibt sie zwar nicht derart, dass man sie angreifen oder anschauen kann, aber dennoch können wir fühlen, ob etwas moralisch gut oder schlecht ist. Ob ich jetzt oder in fünf Minuten etwas moralisch Gutes tue, kann moralisch indifferent sein. Wenn es aber darum geht, eine moralisch schlechte Handlung durchzuführen oder sie zu unterlassen, ist das wahrscheinlich schon relevant. Wenn meine Handlungen Folgen für Wesen haben, die Interessen haben, besitze ich eine gewisse Macht, Dinge zu beeinflussen. Mit dieser Macht kommt jedoch auch Verantwortung ins Spiel. Dadurch, dass ich die Fähigkeit besitze, meine Handlungen zu reflektieren und bewusst zu tätigen oder zu unterlassen, trage ich auch in einem gewissen Ausmaß Verantwortung für die absehbaren Folgen meines Handelns.

Mit unseren Handlungen können wir etwas auslösen. Wir können Freude oder Leid hervorrufen. "Bentham, der erste systematische Utilitarist, hielt Handlungen für gut, die das Glück förderten, und solche für schlecht, die das Gegenteil von Glück erzeugten." (Wolf 2005, p.13) In der Ethik, der Lehre von der Moral, geht es darum, was moralisch gut und schlecht, was geboten, verboten oder indifferent ist. Die Moral wiederum kann als Gesamtheit der in einer Gemeinschaft bzw. Gesellschaft existierenden Normen angesehen werden. (vgl. Wuketits 2010, p.15)

Nun scheint es auf der Hand zu liegen, dass es geboten ist, Freude und Wohlbefinden auszulösen und Leid und Schmerz zu vermeiden. "Nahezu alle Ursachen von Schmerzen sind auch

Ursachen eines Schadens für den Organismus; […]." (Hare 1972, zit. nach Wolf 2005, p.70) Die Begriffe 'Leid' oder 'Leiden' und 'Schmerz' sind semantisch im gleichen Gebiet angesiedelt, sie sind aber nicht bedeutungsgleich. Scheschi gibt folgende Unterscheidung zwischen Leiden und Schmerz an:

> Schmerz steht mit einer Gewebsschädigung in Verbindung, bei Leiden ist dies nicht zwangsläufig der Fall. 'Leiden werden besonders durch Einwirkungen verursacht, die der Wesensart, den Instinkten, dem Selbst- und Arterhaltungstrieb des Tieres zuwiderlaufen und deshalb als lebensfeindlich empfunden werden'. (Bernatzky 1997, zit. nach Scheschi 2004, p.10)

Man könnte sich fragen, warum es geboten ist, Leid und Schmerz zu vermeiden. Das ist so leicht nicht zu erklären – es ist viel leichter zu erfühlen. Demjenigen, der diese Frage stellt, warum Leid oder Schmerz vermieden oder gelindert werden soll, wird ein Licht aufgehen, wenn er sich selbst unmittelbar in einer Situation großen Schmerzes oder Leids befindet. Es ist dann ganz klar, dass Schmerz und Leid verhindert bzw. gelindert werden sollen, zumindest, was den eigenen Schmerz und das eigene Leid angeht.

> Der Grund dafür, daß wir Lust wünschen und Schmerzen meiden, liegt in der Erlebnisqualität dieser Zustände selbst. [...] Die Fähigkeit, eine solche Präferenz zu haben, setzte ein minimales "Wissen, wie es ist" voraus. Dieses "Wissen, wie es ist" ist uns

zunächst und direkt an uns selber zugänglich. [...]
Darüber hinaus ist es uns bei anderen Menschen
indirekt zugänglich, sofern wir ihr Ausdrucks- und
Interaktionsverhalten verstehen. (Wolf 2005, p.72)

Wenn es darum geht, fremdes Leid zu bewerten, wird es
noch um ein Stück schwieriger. Es ist uns nicht möglich, fremden
Schmerz und fremdes Leid direkt zu erfühlen. Dennoch besitzen
wir oft erstaunliche empathische Fähigkeiten.

Wir können nur Wesen, die mindestens eine
rudimentäre Form von Bewußtsein und Sensitivität
haben – und dazu können wir alle Wesen mit einem
zentralisierten Nervensystem mit großer Sicherheit
zählen – grundsätzlich verstehen und uns in sie
hineinversetzen. Wir brauchen dabei nicht die
individuellen Nuancen des Empfindungslebens
anderer Wesen zu erkennen, sondern nur die
grundlegenden Typen von Lust und Schmerz, Angst
und Streß sowie Leiden an Langeweile und Isolation.
(Wolf 2005, p.56)

Unsere empathischen Fähigkeiten legen uns aber auch eine
Bürde auf. Empathie ermöglicht es uns, uns mit jemandem zu
freuen, sie lässt uns aber auch leiden, wenn ein anderer leidet.
Darüber hinaus bringt die Empathiefähigkeit – wie oben bereits
erwähnt – moralische Verantwortung mit sich. So kann man z.B.
eine Katze schlecht moralisch zur Verantwortung ziehen, wenn
sie ein Beutetier zu Tode quält. Wenn jedoch ein Mensch dies tut,
sieht die Sache etwas anders aus. Wenn sich ein moderner
Mensch an dem Leiden eines Tieres delektiert, wie es die Katze

an dem Fiepen der erbeuteten Maus tut, wird er – zumindest in unserem westlichen Kulturkreis – allenfalls als seltsam angesehen. Für eine Katze ist dieses Verhalten normal, sie ist ja schließlich ein Raubtier. Sie empfindet kein Mitleid, wenn das Beutetier leidet. Ganz im Gegenteil, sie ist stolz auf ihre Beute und hat Spaß, sich mit dem verletzten Tier zu spielen, bis es sich nicht mehr rührt.

In diesem Punkt scheinen sich Mensch und Katze zu unterscheiden. Der Kreis jener, mit denen der Mensch mitfühlen kann, ist größer. Menschen sind wohl unter allen tierischen Lebensformen diejenigen, deren Empathie am weitesten geht. Franz Wuketits (2010, p.23) schreibt über Charles Darwin:

> [...] in seinem zwölf Jahre nach dem "Artenbuch" veröffentlichtem Werk *Die Abstammung des Menschen* führte er schließlich [...] selbst die den Menschen auszeichnenden seelischen, geistigen, sozialen und moralischen (!) Fähigkeiten auf die Evolution durch natürliche Auslese oder Selektion zurück. [Hervorhebung wie im Original]

Ein Mensch kann sich um das Wohl des gesamten Globus Sorgen machen; er kann vom Weltschmerz scheinbar erdrückt werden. Keinem nichtmenschlichen Wesen würden wir wahrscheinlich diese empathische Potentialität unterstellen. Trotzdem verhalten wir Menschen uns, als ob wir die größten Raubtiere wären, obwohl wir empathisch eine ganz andere Ausstattung mitbringen. Dennoch gibt es innerhalb der Spezies Mensch große

Unterschiede: Es gibt solche, die aus Mitleid kein Tier töten wollen und dann gibt es solche, die Tiere zu ihrem (Freizeit)Vergnügen töten. Die Schere klafft also weit auseinander, was Empathieempfinden beim Menschen angeht.

> Ohne umfassende Gewissens- und Gesinnungsbildung läßt sich eine konsequente Tierschutzethik nicht politisch realisieren. Wichtiger als illegaler tierschützerischer Aktivismus ist daher die Einwirkung auf das Wahrnehmungs- und Urteilsvermögen von Kindern, Jugendlichen und Erwachsenen. (Wolf 2005, p.120)

Unsere Empathie ist vielleicht unser wertvollstes Werkzeug, wenn es darum geht, was ethisch gesollt, verboten oder auch indifferent ist. So macht es uns nicht traurig und betroffen, wenn wir ein Lagerfeuer veranstalten. Wenn dann aber einstweilen noch lebendige Kätzchen eingeschnürt in einen Sack darin verbrannt werden, ist es normalerweise der Fall, dass auch unser Mitleid alarmierend aufflammt.

Diese empathische Ausstattung ist eigentlich äußerst sinnvoll, gegeben der Potenzialität, mit der wir ausgestattet sind. Große Macht muss mit großem Verantwortungsbewusstsein einhergehen. So werden wir – immer abhängig von unserem persönlichen moralischen Empfinden –, wenn wir moralisch schlechte Handlungen durchführen, von einem schlechten Gewissen geplagt. Wenn wir wollen, können wir großen Schaden anrichten. Dankenswerterweise ist es aber oft das Gute, das wir wollen und wünschen. Wenn wir Leid sehen, geht es uns selbst nicht gut. Wir wollen helfen und wenn wir helfen, fühlen wir uns selbst besser. "Ohne Zweifel ist ein Mensch, der sich bemüht, das Gute zu tun und das Schlechte zu meiden, ein sittlich besserer Mensch als einer, der sich weniger oder gar nicht darum bemüht." (Wolf 2005, p.87)

In unserer Gesellschaft herrscht ein moralisches System, das sich aus dem durchschnittlichen Moralempfinden der Bevölkerung ergibt. "[...] Werte kommen nicht von oben – sie kommen von unten." (Wuketits 2010, p.19) Nur wenn moralische Regeln für die meisten Menschen einsichtig und durchführbar sind, werden sie Bestand haben und sich in einer Gesellschaft durchsetzen. Wenn die meisten Menschen für eine Vorschrift sind, hat sie gute Chancen, durchgesetzt zu werden. Ein Beispiel einer solchen moralischen Vorstellung, die seit langem Eingang in die Gesetzgebung gefunden hat, ist das grundsätzliche Homozidverbot. Auch hier gibt es Abstufungen und Relativierungen, z.B. was Notwehr oder die Todesstrafe angeht. Der eine ist für die Todesstrafe, der andere dagegen, aber im grundsätzlichen Tötungsverbot wird ein Konsens gefunden.

So spiegelt ein funktionierendes moralisches System, das sich meistens – zumindest im demokratischen Staat – in der Gesetzgebung wiederfindet, das durchschnittliche moralische Empfinden der Mitglieder der Gesellschaft, in der dieses System aufrecht ist, wider. Verändert sich das Moralempfinden der Mehrheit der Gesellschaft, ergibt dies wiederum meist (zeitverzögert) eine Anpassung in der Legislatur. "Moral wird nicht erlassen und aufgehoben, wie Gesetze erlassen und aufgehoben werden." (Baier 1958, zit. nach Wolf 2005, p.12)

So ist unsere Gesellschaft dahingehend im Wandel begriffen, dass schrittweise – zugegeben, die Schritte sind klein, aber nicht unbedeutend – der Tierschutz mehr Wichtigkeit erlangt. Das Gesetz wird z.B. dahingehend erweitert, dass die Haltungsbedingungen der Tiere verbessert werden. Als Beispiele von Gesetzesanpassungen in den letzten Jahren in Österreich können das Verbot der Haltung von Legehennen in Legebatterien oder das Verbot der Anbindehaltung in der Pferdehaltung genannt werden. Auch der Bio-Trend geht in diese Richtung. Moral verändert sich also dauernd und im Moment sieht es ganz danach aus, als ob es im Bereich Tierschutz bergauf geht. Die Moral kriecht sozusagen den Berg hinauf, vielleicht ist der Gipfel schon zu erahnen, vielleicht auch nicht.

Moral kann dazu dienen, die Interessen derjenigen, die überhaupt solche besitzen, zu schützen. Das Interesse am eigenen Überleben ist das wohl wichtigste Interesse, das jemand haben kann, denn ohne das eigene (Über)Leben kann es keine anderen Interessen geben. Um überhaupt Interessen haben zu können, ist es eine zwingende Voraussetzung, dass man existiert. Wenn Interessen wahrgenommen und gerecht gegeneinander abgewogen werden, kann Leid verhindert werden. Wir haben weiter oben bereits festgestellt, dass es moralisch gesollt ist, Leid zu verhindern oder gegebenenfalls zu lindern. Somit führt der

Weg zu einer Welt, in der es nicht so viel Leid gibt, über die Straße der Interessen. Mit unserem Empathievermögen können wir Interessen wahrnehmen und mit der Waage aus Ratio und Gerechtigkeitsempfinden können wir sie abwägen. Immer dann, wenn wir Interessen gegeneinander abwägen, müssen wir uns so weit wie möglich von Rassismus, Sexismus und Speziesismus fernhalten. "Für den Menschen als vernünftiges Wesen muss die Natur als Gerechtigkeitsgemeinschaft aufgebaut sein. Diese Gerechtigkeit schlägt sich in den Grundsätzen der Unparteilichkeit und der Fairness wieder [sic]." (Scholz 2008, p.6)

> Ethik geht von handlungsfähigen Menschen aus, deshalb motiviert sie, deshalb haftet ihr immer ein Rest Anthropozismus an; aber sie geht in der Berücksichtigung möglicher Adressaten über den Kreis unserer Spezies hinaus und stellt im Tierschutz die Fähigkeit zum Altruismus auf eine außergewöhnliche Probe. (Wolf 2005, p.16f)

> Doch gerade in diesem begrenzten Altruismus liegt ein wichtiger moralpsychologischer Grund für die relative Gleichgültigkeit gegenüber dem Schicksal der Tiere. Sie ist ein weiteres Element unserer gefühlsmäßigen Fixierung auf Nahbeziehungen. (Wolf 2005, p.89)

Es liegt in unserer Natur, dass wir dazu tendieren, Lebewesen, mit denen wir ein Naheverhältnis pflegen oder mit denen wir eine Gruppe bilden zu bevorzugen. Wenn es um die moralische

Gewichtung von Interessen geht, müssen wir aus Gründen der Gerechtigkeit diese Tendenz vermeiden. "Die Frage ist nicht 'Können sie denken?' oder 'Können sie reden?', sondern ‚Können sie leiden?'" (Bentham 1828, p.235f)

Genau das ist es, was wir tun müssen, um den Berg der Moral weiter hoch zu klettern: Interessen wahrnehmen, die vorhandenen Interessen gerecht und unparteiisch gegeneinander abwägen und den Interessen, die höheres Gewicht haben, den moralischen Vorzug einzuräumen.

> Am überzeugendsten scheint mir der pathozentrische Ansatz zu sein, wenn man ihn auf die Basis einer interessenorientierten Moralkonzeption stellt. Denn der unparteiische Standpunkt der Moral fordert nach unserer Definition die Menschen dazu auf, die berechtigten Interessen aller vom Handeln Betroffenen gleich zu berücksichtigen [...]. (Fenner 2010, p.141)

2 Moralischer Individualismus, moralische Überforderung und Vegetarismus

Unser moralisches Empfinden und Urteilen wird von vielen Faktoren beeinflusst. Unser individuelles Empathievermögen und -empfinden entwickelt sich in unserer Kindheit und Jugend. Vom Erwachsenen erwartet man, dass er empathisch weitestgehend gefestigt ist. Unser Moralempfinden ist uns oft ein kluger Berater, auf den es auch zu hören gilt, wenn Sanktionen innerhalb einer Gruppe drohen. Denn die Moral, die eine Gruppe vorgibt, ist immer zu hinterfragen und mit der eigenen Empfindung zu vergleichen. Gegebenfalls ist es moralisch gesollt, gegen den Strom zu schwimmen. Besonders stark und reif in moralischer Hinsicht sind jene, die sich gegen moralisch verwerfliche Regime stellen, selbst wenn dies eine Gefährdung ihres eigenen Wohls bedeutet.

Wenn es um Empathieempfinden geht, geht es auch immer um Spiegelneuronen. Diese Nervenzellen in unserem Gehirn lassen mich fühlen, was du fühlst, wenn ich dich ansehe. Wenn wir die gelebte Moral auf ein höheres Niveau heben wollen, einfach um die Welt zu einem schöneren Ort zu machen, in dem es weniger Leid, Schmerz und Unrecht gibt, müssen die Menschen gefordert, aber nicht überfordert werden. "Unsere Moralfähigkeit ist begrenzt, jedes idealistische Werte- und Normensystem ist zum Scheitern verurteilt." (Wuketits 2010, p.11) Die Menschen müssen gefordert werden, die Moral zu leben, die ihnen ihre empathische Ausstattung vorgibt. Heutzutage ist es tendenziell eher der Fall, dass sich die Mehrheit auf einer niedrigeren Moral ausruht als ihr Empfindungsvermögen ihr eigentlich vorgibt. Es gibt skrupellose Menschen, die von dieser Tatsache profitieren und dies keinesfalls ändern wollen.

Ein Mensch wäre dann moralisch überfordert, wenn man von ihm Handeln nach einem moralischen Empfinden (bzw. Empfindungsvermögen) verlangt, das er nicht aufweist. Eine solche Überforderung wirkt sich derart aus, dass der Mensch die moralischen Vorgaben diesbezüglich ignoriert. So würde es (fast?) alle Menschen moralisch überfordern, wenn man von ihnen verlangen würde, Steine nicht zu zerkleinern oder fallen zu lassen. Der Mensch wäre überfordert, weil er normalerweise – sinnvollerweise – bezüglich Steinen keinerlei Empathie empfindet. Das macht Sinn, denn der Stein hat kein Bewusstsein und keine Interessen. Es kann ihm nicht mal egal sein, was man mit ihm macht, denn er kann keine Bewusstseinszustände haben. Solange man niemanden, der ein Bewusstsein und Interessen hat, mit ihm bewirft, ist es moralisch belanglos, ob man den Stein nun wirft oder ihn zersägt.

Genauso überfordert mit den Erwartungen, die die Gesellschaft an ihn stellt, kann ein Mensch sein, der eine moralisch (für uns) pathologische Ausstattung aufweist. Wenn wir jetzt von den Extremen absehen und uns wieder dem

Durchschnitt nähern, gibt es auch für den durchschnittlichen Menschen moralische Vorgaben, die ihn moralisch überfordern und somit ins Leere gehen würden. So gingen die Forderungen nach Tierschutz in vergangenen Zeiten noch viel mehr ins Leere als sie es heutzutage tun. Gedanklich könnte man in die Vergangenheit reisen und versuchen, zuerst Steinzeitmenschen, dann Menschen im Mittelalter und so weiter, Tierschutz nahe zu bringen. Die Bemühungen um den Tierschutz würden umso mehr fruchten, je mehr die Individuen, die eine Gemeinschaft konstituieren, die Forderungen empathisch nachempfinden können. Bei den Steinzeitmenschen würde man gewiss auf Granit beißen. Bei modernen, in westlichen Gesellschaften lebenden Menschen würde man schon mehr Zustimmung erwarten.

> Während beispielsweise noch im England des 19. Jahrhunderts die Sklaverei auch in gebildeten Bevölkerungsschichten durchaus befürwortet wurde, wird heute kaum ein Brite die Versklavung von Menschen als moralisch korrekt empfinden. (Wuketits 2010, p.16)

Angesichts dessen, was sich überall auf der Erde abspielt, kann es als problematisch angesehen werden, dass die Menschheit moralisch noch nicht weit genug fortgeschritten ist. "Es gilt, die uns von der Evolution sozusagen mitgegebenen Neigungen zur Kooperation und gegenseitigen Hilfe zu fördern. Wir Menschen sind keine Engel, aber auch keine geborenen Totschläger." (Wuketits 2010, p.11) Was ich jedoch als das gravierendere Problem ansehe, ist – wie oben bereits erwähnt – die Tatsache, dass Menschen sich aus Bequemlichkeit, Konformismus und Hingabe an ihre Natur als Mängelwesen moralisch unterhalb dessen aufhalten, was sie eigentlich moralisch empfinden (können). Dadurch existiert so viel Leid, das heutzutage nicht mehr sein müsste und dem viele auch nicht zustimmen würden, würden sie nicht wegsehen.

Darum gilt es, sich von der durchschnittlichen Moral zu emanzipieren, wenn diese als zu schwach angesehen wird. Die Menschen müssen sich die Sachverhalte selber ansehen und nachfühlen, ob sie ihnen moralisch gegen den Strich gehen oder ob sie sie kalt lassen. Wenn es dich kalt lässt, wie ich einem Kälbchen in den Kopf schieße und ihm die Kehle aufschlitze, so kann ich dir auch nicht helfen. Aber falls nicht, wieso dann wegschauen und diese Vorgänge verursachen, indem man Kalbsfleisch verzehrt? Wenn ihr das, was da abläuft, nicht toll findet, dann steht auf und schwimmt gegen den Strom, indem ihr moralisch ein Zeichen setzt! Wenn ihr es toll findet, dann steht dafür ein und erklärt mir, was so toll daran ist! Übernehmt Verantwortung für euer moralisches Handeln, indem ihr dafür einsteht, was ihr tut und für euch tun lasst! Wenn ihr dafür nicht die Verantwortung tragen wollt oder könnt, dann distanziert euch davon!

Sobald die Menschen aber beginnen, besonders für ihr indirektes Handeln Verantwortung zu übernehmen, ist das Tor offen für eine neue Moral. Wir müssen von Scheinheiligkeit und

Ignoranz Abstand nehmen und uns bewusst werden, dass wir vieles verbessern können, wenn wir nicht wegschauen und unsere Mangelhaftigkeit ein Stück weit überwinden. "Eine der größten Gefahren des zivilisierten Menschen [...] besteht aber darin, dass [...] der, der ein Massaker anrichtet, dieses erst gar nicht wahrnehmen und damit sein Mitgefühl und sein Gewissen, falls vorhanden, nicht belasten muss." (Wuketits 2010, p.107)

> Verabscheute Dinge und Handlungen werden dem Blick der Öffentlichkeit entzogen und im Verborgenen verwaltet. In der Psychiatrie, im Strafvollzug und in der Massentierhaltung findet eine Exilierung und administrative Bürokratisierung von Vorgängen statt, deren Anblick wir nicht ertragen, obwohl wir auf ihre Vorteile nicht verzichten wollen. Damit werden nicht die Exilierten – das heißt zum Beispiel die in Versuchslaboren und Tierfabriken vegetierenden und in Schlachthäusern getöteten Tiere – geschont, sondern die zarten Gefühle der Normalverbraucher. (Wolf 2005, p.16)

Meine Hypothese ist, dass die meisten Menschen mitfühlen und nicht wollen, dass einem Kälbchen in den Kopf geschossen wird. Zumindest wollen die meisten Menschen die "Drecksarbeit" nicht selbst erledigen, aber das Schnitzel schmeckt dann doch gut. Wenn aber einer **wahrheitsgemäß** erklärt, dass er gerne Tiere tötet, könnte man mutmaßen, dass er tatsächlich die empathische Ausstattung eines Raubtieres mitbringt. Die Anzahl derer, die sich aber aus Gründen der moralischen Bequemlichkeit hinter einer Pseudo-Raubtiermaske verstecken, kann kaum groß genug eingeschätzt werden (zumindest was die westliche Zivilisation betrifft). "Zwar sind immer weniger Menschen bereit, Tiere eigenhändig zu töten – trotzdem werden immer mehr Tiere für uns getötet." (Wolf 2005, p.15)

Wenn man aber traurig und betroffen wird, wenn man einem nicht-menschlichen Lebewesen in den Kopf schießen soll, dann sollte man sich überlegen, ob man tatsächlich ein Raubtier ist. Denn ein Raubtier wäre nicht traurig oder betroffen. Es würde sich freuen und ihm würde der Magen knurren, wenn es das Beutetier von einem Lebenden in einen Toten transferiert. Der Mensch hat sich gewandelt und es geht darum, als die zu leben, die wir sind und nicht als die, die es bequem wäre, zu sein, unabhängig davon, wie viel Leid wir dadurch produzieren. [1]

---

[1] Die nachstehend aneinandergereihten Zitate präsentieren diverse Ansichten contra Töten von Tieren und Fleischkonsum. Von verschiedenen Seiten werden Bewertungen dieser Praktik offeriert; es ergeben sich verschiedene Blickwinkel auf dieselbe Thematik. Es steht dem Leser frei, seinen individuellen Blickwinkel zu finden.

Daß wir in den reichen Industriegesellschaften überhaupt und in diesem Ausmaß Fleisch konsumieren, kann nicht als "grausige Notwendigkeit" (Schweitzer 1960, 237) für das nackte Überleben ausgegeben und entschuldigt werden. Vielmehr scheinen Steigerung von Lebensgenuß und Bequemlichkeiten der Konsumenten sowie Profitorientierung der Anbieter die Hauptmotoren der Ausbeutung von Tieren als Ressourcen zu sein. Angesichts der Gleichgültigkeit der durchschnittlichen Fleischkonsumenten und der Bagatellisierung des Vegetarismus zum Problem einer sektiererischen Minderheit erscheint es bereits als Fortschritt, wenn zumindest einige Mißbräuche in der Tierhaltung und Tiernutzung verhindert werden. Das darf jedoch nicht darüber hinwegtäuschen, daß die Wurzel der Tierverachtung der profane (nicht mehr rituell und sakral eingebundene) und massenhafte Fleischverzehr ist. (Wolf 2005, p.81f)

Um beim Handlungskomplex von Aufzucht, Haltung und Tötung von Tieren die ethisch richtige Umgangsweise bestimmen zu können, müssen auch die dem Menschen offen stehenden Handlungsalternativen in Erwägung gezogen werden: Zunächst könnte der Mensch natürlich auf Fleischverzehr ganz verzichten. Der Fleischkonsum befriedigt ein Luxusbedürfnis, dessen Stillung weder zum Überleben noch für ein gesundes, langes Leben notwendig ist (vgl. Birnbacher 2006, 222). Seine Frustration zeitigt kein menschliches Leid, sondern nur verminderten Genuss, der durch Umstellung der Gewohnheiten und Ausrichtung auf andere Genussquellen kompensiert werden kann. Zweitens ist die Nahrungsgewinnung durch das Mästen und Töten von Tieren deutlich weniger effizient als eine vegetarische Ernährung. Wenn wir das Getreide und die anderen Nahrungsmittel den Tieren verfüttern statt sie selbst zu verzehren, bleiben uns nur ca. 10% des Nährwertes in Form von Fleisch übrig. Angesichts der prekären Welternährungssituation scheinen solch verschwenderische Ernährungsgewohnheiten unverantwortlich zu sein (vgl. ders. 1991, 317). (Fenner 2010, p.149f)

Auf diesem Planeten müsste niemand hungern, weil er genügend Ressourcen enthält. Deren rücksichtslose und mit enormer Geschwindigkeit erfolgte Plünderung bei gleichzeitig konstanter Bevölkerungsvermehrung muss jedoch zwangsweise dazu führen, dass sich die Schere zwischen Arm und Reich immer weiter öffnet. (Wuketits 2010, p.166f)

"[...] ein Vegetarier zu werden ist nur die allergeringste minimale ethische Antwort auf die Größe des Übels." (McGinn 1991, zit. nach Wolf 2005, p.88)

Ich habe noch immer das Gefühl, dass es niederträchtig ist, die Unwissenheit und Wehrlosigkeit von Tieren auszunützen und sie für menschliche Zwecke (schlecht) zu halten und zu schlachten. [...] Ich kann dieses Gefühl nicht mehr philosophisch begründen, aber ich lasse es mir durch keine philosophische Theorie ausreden. Es gibt einige Gefühle, die jede rationale Therapie überleben. Ich kann mich nur wundern über die Kälte und Phantasielosigkeit von Menschen, die darin nicht mal ein Problem oder einen Skandal zu sehen vermögen. (Wolf 2005, p.135f)

3   Menschen und andere Lebewesen

"[...] wir haben der Art und Weise, in der die menschliche Spezies sich von allen anderen unterscheidet, zu viel Aufmerksamkeit geschenkt, und der Art und Weise, in der wir wie alle anderen Spezies sind, zu wenig." (Hull 1989, zit. nach Wolf 2005, p.10)

Wenn wir von Tieren sprechen, meinen wir gemäß sprachlicher Konvention alle Formen der Fauna, wobei die Spezies Mensch exkludiert ist. Aber: "Rein biologisch betrachtet ist der Mensch anerkanntermaßen ein Tier, genauer gesagt: ein Säugetier." (Kaplan 2007, p.103) Nach der sprachlichen Konvention sind alle anderen Formen von Lebewesen Tiere, nur der Mensch ist kein Tier. Dafür besitzt er zu viel Ratio, dafür ist er etwas zu Besonderes. Er ist das Ebenbild Gottes. Die Menschheit ist die Krone der Schöpfung. "Die Vorstellung, dass in der Evolution fortgesetzt "höhere" und "vollkommenere" Arten hervorgebracht werden, beruht auf der im 19. Jahrhundert beliebten *Fortschrittsidee*, die in der heutigen Evolutionsbiologie obsolet geworden ist." (Wuketits 2010, p.22f [Hervorhebung wie im Original])

Unsere Anschauung über die Stellung von Tieren und Menschen ist speziesistisch geprägt. Schon unsere Sprache spiegelt dies wider, indem der Begriff 'Tier' eben die menschliche

Spezies ausschließt. Durch diese Exklusion erfolgt eine künstliche Erhebung des Menschen über die restliche "Schöpfung", die mit einer Diskriminierung derjenigen einhergeht, die lediglich *Tiere* sind. Die Diskriminierung der nichtmenschlichen Spezies wird oftmals durch diese Höherstellung des Menschen gerechtfertigt und somit eine schlechte Behandlung der Tierwelt durch den Menschen begründet. Menschen sind Personen, sie sind *jemand*, wobei das Tier lediglich *etwas* ist.

Dessen ungeachtet sind auch Tiere Persönlichkeiten mit individuell divergierenden Charaktereigenschaften, genauso wie Menschen. "Viele Tiere werden inzwischen selbst von führenden Zoologen und Ethologen als fühlende und denkende, das heißt zum Beispiel schmollende, verzeihende und tröstende Wesen wieder ernst genommen." (Wolf 2005, p.9)

> Fortwährend kann man beobachten, daß Tiere zaudern, überlegen und sich dann entschließen. Es ist bezeichnend, daß Naturforscher bei längerer Vertiefung in die Gewohnheiten eines bestimmten Tieres immer mehr Verstand und immer weniger ungelernte Instinkte zu erkennen glauben. (Darwin 1966, zit. nach Wolf 2005, p.37)

In unserer Einschätzung der korrekten moralischen Behandlung bzw. Berücksichtigung von nichtmenschlichem Leben sind wir zu einem großen Maße kulturell und religiös geprägt, auch wenn uns das oft nicht bewusst ist.

Zum einen wird angenommen, daß es eine objektive Weltordnung gibt, in der voll entwickelte menschliche Personen am höchsten rangieren. [...] Zum anderen gibt es die Überzeugung, daß alle Menschen und nur Menschen eine unsterbliche Seele haben beziehungsweise Ebenbild Gottes sind. (Wolf 2005, p.83)

Der Mensch wird als "Krönung der Schöpfung" angesehen. Diese religiösen Altlasten – z.B. auch die Annahme, dass Gott die Tierwelt dem Menschen zu seiner freien Verfügung geschaffen hat – prägen die allgemeinen kulturellen Ansichten, auch wenn der gegenwärtige Mensch oft areligiös lebt.

Diese (selbstgefällige?) Ansicht, dass der Mensch das Beste sei, das die Natur je hervorgebracht hat, steht im Gegensatz zu anderen Denkweisen. "Nicht Altruismus, sondern eine teilweise Loslösung von der Selbstbeweihräucherung selbstbewußter Wesen ist das wirksamste Mittel gegen den "Kult des menschlichen Wesens" in Politik und Moral." (Wolf 2005, p.124) Wenn man die Spezies Mensch mit anderen Spezies vergleicht, stößt man auf viele Dinge, in denen der Mensch anderen Spezies unterlegen ist. Von einer anderen Perspektive aus betrachtet entdeckt man so manche Facetten, wo der Mensch mit Mängeln behaftet ist.

Im Unterschied zu seinen Vorgängern verwirft Gehlen ein Stufenschema der Natur. Die Sonderstellung des Menschen wird nicht durch seine Vernunft, sondern durch Herders Begriff des

"Mängelwesens" gekennzeichnet. Der Mangel bezieht sich natürlich nicht auf die Hirnausstattung der meisten Mitglieder unserer Spezies, sondern auf die natürliche Anpassung und Instinktarmut. (Wolf 2005, p.10)

Dass der Mensch ein Mängelwesen ist, wird beispielsweise dann klar, wenn sich Menschen in den Suizid flüchten, da sie keinen Sinn in ihrem Dasein sehen oder wenn jemand depressiv ist, obwohl er eigentlich (materiell) alles hat. Es scheint, als ob es gerade in den Wohlstandsgesellschaften den Menschen schwerer fällt, zufrieden oder gar glücklich mit ihrem Leben zu sein. Wir machen unser persönliches Glück von unseren Partnern abhängig und gehen ein wie eine Pflanze, wenn sie uns verlassen. Wir dürsten nach sozialer Anerkennung. Der Mensch hat viele Ansprüche, denen seine Umwelt meistens eher nicht gerecht werden kann. Um ums nicht mit unserem tristen Privatleben auseinandersetzen zu müssen, flüchten wir uns in Arbeit und Betäubung durch Alkohol, Nikotin oder härtere Drogen. So versucht der Mensch, seine Unzufriedenheit und auch die empfundene Sinnesleere zu kompensieren. "Schlüsselbegriff für Gehlen ist die Entlastung durch Arbeit, Technik, Kultur und Institutionen. Die "Errungenschaften" der menschlichen Kultur dienen also der Kompensation des biologischen Mängelwesens." (Wolf 2005, p.10)

Wenn überhaupt ein Graben klafft, dann nicht zwischen Mensch und Tier, sondern zwischen verschiedenen Tierarten wie etwa Schimpansen und Tintenfischen, Katzen und Bienen etc. Daß auch höher entwickelte Tiere mit ihrer verlängerten gefühlsmäßigen Abhängigkeit von der Mutter und ihrem komplizierten Sozialleben ebenfalls Mängelwesen sind, wird von der Primatenforschung bestätigt. (Wolf 2005, p.11)

Moral dient also auch der Kompensation und Reaktion auf die Tatsache, dass wir Menschen Mängelwesen sind. Moral ermöglicht funktionierendes Zusammenleben in Gruppen, auf die wir uns als Mängelwesen stützen, durch die wir uns definieren.

4   Der Wert des Lebens und das Recht auf Leben

Deshalb fällt es nicht leicht, Gewissensbisse zu empfinden, wenn wir eine Fliege erschlagen haben. Wir können uns kaum vorstellen, daß wir damit ein "reiches Bewußtseinsleben" ausgelöscht haben. Sehen wir jedoch eine Fliege stundenlang am Fliegenfänger zappeln, so liegt es nahe, ihr Schmerzen oder schmerzanaloge Empfindungen zuzugestehen. Wir haben keine Gewißheit, daß es ihr nichts ausmacht und sie sich bloß wie ein Automat verhält. Allein schon diese Unsicherheit ist ein Motiv für Zurückhaltung und einen minimalen Respekt vor diesem "tapferen und zähen Überlebenswillen", aber auch vor dem überaus komplizierten und von menschlicher Kunstfertigkeit nicht zu erreichenden Aufbau des Organismus. Bereits bei diesem kleinen Organismus gelangen wir an die Grenze, wo wir nur zerstören, aber nicht erschaffen können. (Wolf 2005, p.69)

Vielfach wird dafür argumentiert, dass Tieren Rechte zugesprochen werden müssen. "Das Ziel einer aufgeklärten Tierschutzpolitik und -gesetzgebung ist die Verankerung von verfassungsmäßig garantierten Tierrechten." (Wolf 2005, p.120) Manche Philosophen sprechen aus Gründen der Definition nur jenen Rechte zu, die auch Pflichten wahrnehmen können. Bei Tieren könnte man bezweifeln, dass ihnen dem Menschen gegenüber moralische Pflichten auferlegt werden können. Dennoch sind viele der Meinung, dass auch Tiere Rechte haben. (Man denke dabei z.B. an das Recht, nicht gequält zu werden.)

"Grundlegende moralische Rechte mögen zwar Pflichten entsprechen, aber sie lassen sich nicht als bloße Anhängsel dieser Pflichten verstehen und begründen. Sie haben eine gewisse Selbstständigkeit." (Wolf 2005, p.53) Jean-Claude Wolfs Auffassung, dass grundlegende moralische Rechte eine gewisse Selbstständigkeit aufweisen, was eine etwaige Korrespondenz zu entsprechenden Pflichten angeht, ist eine Auffassung, die so sicher nicht jedem Philosophen schmeckt. Dennoch gibt es Beispiele, wo es uns rein intuitiv klar ist, dass jemandem ein Recht zugestanden werden kann, auch wenn derjenige keine Pflichten wahrnehmen kann. Man denke dabei z.B. an Säuglinge, Kleinkinder, geistig behinderte Menschen, demente Menschen usw. So wird z.B. dem geistig behinderten Menschen ein Recht auf Leben zugestanden, selbst wenn er z.B. die für einen gesunden Erwachsenen normale Pflicht, die körperliche Unversehrtheit oder individuelle Freiheit anderer Menschen nicht zu verletzen bzw. sie dieser zu berauben, nicht wahrnehmen kann, weil er vielleicht die geistigen Fähigkeiten dazu gar nicht besitzt. So werden unzurechnungsfähige Kriminelle als nicht schuldfähig anerkannt. Sie können also eine etwaige Pflicht, für ihr Handeln Verantwortung zu übernehmen, nicht wahrnehmen.

So kann auch dem Ungeborenen im Mutterleib keinerlei Pflicht überantwortet werden. Dennoch fordern viele, dass auch das Ungeborene ein Recht auf Leben haben soll. Dieses wird zweifellos bei einer Abtreibung verletzt. Genauso, wie man das Recht auf Leben und körperliche Unversehrtheit eines Säuglings verletzen würde, wenn man das hilflose Wesen einfach verhungern und verdursten lässt, oder wenn man es so misshandelt, dass es an den Verletzungen vielleicht sogar verstirbt.

Bei den oben genannten Beispielen von moral patients, die keine moral agents sind bzw. sein können, kann man von einer gewissen Potenzialität sprechen, dass sie zu einer bestimmten Zeit in ihrem Leben eventuell moral agents sein werden, dies zu einer bestimmten Zeit waren oder artgemäß eigentlich solche sind. Auch wenn bei Tieren aus unserer Sicht diese Potenzialität vielleicht nicht zu erkennen ist, gibt es keinen Grund, warum sie nicht als moral patients betrachtet und berücksichtigt werden sollten bzw. müssten. Bei Tieren ist es darüber hinaus auch der Fall, dass sie für ihre eigenen Interessen (im menschlichen Diskurs) nicht eintreten können. Deswegen müssen Stellvertreter dies für sie tun.

> Der wichtigste Grund für die relative Ohnmacht der "Tierempanzipation" ist die Tatsache, daß Tiere auch künftig nie politische Subjekte sein werden, die ihre Interessen selber vertreten und organisierten Druck ausüben können. Vielmehr bleiben sie angewiesen auf eine menschliche Stellvertreterpolitik, auf Fürsprecher ihrer Interessen und Rechte. (Wolf 2005, p.89)

Wenn also der Protest gegen das aktuelle monströse Tierleid nicht aus den menschlichen Reihen kommt, kommt er von nirgendwo.

> Allerdings gibt es in den reichen kapitalistischen Gesellschaften eine erschreckende Entwicklung, jene zu vernachlässigen und an den Rand zu drängen, die nicht reden können, und jene zu privilegieren, die sich besonders lautstark artikulieren. Eine speziesneutrale Ethik wirkt diesem Trend entgegen und fördert die Solidarität mit allen empfindungsfähigen Lebewesen [...]. (Wolf 2005, p.106)

Es ist klar, dass bei Tieren ein vitales Interesse am eigenen Überleben besteht. Individuen, die dieses dringende Interesse nicht hatten, wurden von der Evolution verschluckt. "Wesen, die eine Präferenz für Schmerzvermeidung haben, haben gegenüber Wesen, die entweder gar keine Schmerzen erleben oder eine solche Präferenz nicht haben, einen Selektionsvorsprung." (Wolf 2005, p.70) Schmerz ist ja – wie oben bereits erwähnt – ein Zeichen von akuter Gewebsschädigung, was im Endeffekt auf eine Schädigung des Organismus hinausläuft.

Tiere haben also definitiv ein Interesse am eigenen Überleben. Aber haben sie auch ein Recht auf Leben? Das kommt ganz darauf an, ob wir es ihnen zugestehen. Genauso wie den Säuglingen, den geistig Behinderten, den Dementen und den Ungeborenen. Wenn wir ihnen ein Recht auf Leben absprechen, können sie sich nicht wehren.

In der Gegenwart wird Tieren in den meisten Kulturkreisen ganz klar kein Recht auf Leben zugesprochen. Viele Tiere werden nicht geboren um zu leben, sondern um zu sterben. Der Mensch hingegen wird geboren um zu leben. Er besitzt ja auch die Menschenwürde.

Fabian Scholz (2007, p.3ff) geht der Frage nach einer Tierwürde nach. Da mir sein Gedankengang diesbezüglich klar und einleuchtend erscheint, soll er hier originalgetreu und ohne weitere Erläuterung angeführt werden:

"Ausgehend von der Anerkennung der Menschenwürde und dem ihr zu Grunde liegenden Wertempfinden muss sich aber auch die Frage nach der Anerkennung der 'Würde des Tieres' stellen." (ibid.)

"Dem Tier wird heute in dem Sinn ein Eigenwert zugesprochen, dass seine Gesundheit und sein Wohlergehen 'um seiner selbst willen' berücksichtigt werden sollen." (ibid.)

"Somit muss der Mensch als Kulturwesen seine eigene Stellung in der Natur und sein Verhalten gegenüber anderen Lebewesen immer wieder unter Berücksichtigung des Eigenwertes des Tieres abwägen." (ibid.)

Zentrales Prinzip der Ethik im Mensch-Tier-Verhältnis – insbesondere bei der Frage nach tiergerechter Haltung – ist das Vermeiden von Leid und Schmerzen. Vor allem aus der philosophischen Ethik kommt die Forderung auf, auch die "Würde der Kreatur" zu berücksichtigen. Seit 1922 ist dieser Begriff in der Bundesverfassung der Schweiz verankert. (ibid.)

"Die 'Würde der Kreatur' zu achten, bedeutet, dem Tier seinen biologischen Selbsterhaltungstrieb und seine Eigenwertigkeit zuzugestehen." (ibid.)

Intuitiv ist die Würde des Menschen für viele Menschen eine Tatsache; manche Menschen sind ausgehend von der Wertschätzung des individuellen Lebens der Meinung, dass auch Tieren eine Würde zugestanden werden soll.

Der Würdebegriff ist metaphysisch verwaschen. Würde ist nichts, das man angreifen kann. Dennoch empfinden wir gewisse Vorgänge als entwürdigend. Menschen greifen zu metaphysischen oder religiösen Argumenten, wenn sie in ihrer Verzweiflung, die speziesistische Barriere aufrecht zu erhalten, keine guten Argumente finden. Somit wird teilweise argumentiert, dass Menschen eine Würde besitzen, die Tiere nicht innehaben. Wir Menschen sind es, die Würde (an)erkennen oder nicht.

[...] andererseits ist die Tradition und Gewohnheit des Fleischessens vermutlich die hartnäckigste Wurzel des Speziesismus. Karnivore, also fleischessende

Menschen, sind, wenn es um eine Neubeurteilung von Tieren in der Ethik geht, geistig und emotional befangen. Sie rationalisieren ihre Eßgewohnheiten und weigern sich standhaft, in der "schmerzlosen" Tötung von Tieren überhaupt ein moralisches Problem zu sehen. Ein Indiz für diese Parteilichkeit ist die regelmäßige Wiederkehr schlechter Gründe zur Verteidigung dessen, daß wir Tiere als Nahrung brauchen. (Wolf 2005, p.15)

Wenn man Tieren nun das elementarste Recht – das Recht auf Leben – zugesteht, geht das Hand in Hand damit, dass man dem Menschen das Recht aberkennt, Tiere zu töten. Normalerweise ist das Recht auf (Über)Leben um vieles gewichtiger als das Recht darauf, jemanden zu töten. Deshalb ist die Forderung nach speziesneutralerer Ethik und Moral für den Menschen nicht besonders schlimm, für die Tierwelt jedoch ist sie ungleich bedeutsamer.

"Die traditionelle Ethik beruht auf einer künstlichen Isolation des Homizids." (Wolf 2005, p.104)

"Revolutionär ist allerdings die umgekehrte These: daß es nämlich aus den gleichen Gründen unmoralisch ist, Menschen und Tiere grausam zu behandeln und zu töten." (Wolf 2005, p.14)

Deshalb ist die weitverbreitete Auffassung, schmerzfreie Tötung von Tieren zu Nahrungszwecken sei moralisch indifferent, von größter Tragweite für die ganze Ethik. Sie wird normalerweise als selbsttragende oder selbstevidente Überzeugung vorausgesetzt. Doch sie läßt sich nur mit Hilfe des Speziesprinzips aufrechterhalten – ein Prinzip, daß es zwischen allen Menschen und Tieren einen moralisch relevanten Wesensunterschied gibt. (Wolf 2005, p.14f)

Eine Ausnahme vom Tötungsverbot besteht dann, wenn es um das nackte Überleben geht. Denn dann steht Interesse am Überleben gegen Interesse am Überleben, und diese beiden Interessen sind als gleichwertig zu bewerten. Was aber, wenn zehn Menschen auf einer Insel ohne sonstige Ernährungsmöglichkeit gestrandet sind, und die einen nur überleben könnten, wenn sie die anderen töten und sie aufessen würden? Würden diese Menschen dann ein Recht darauf haben, andere auf der Insel umzubringen? Oder müssten alle verhungern? Oder müsste man warten, bis der erste von selbst oder aufgrund einer Krankheit oder Verletzung stirbt? Wahrscheinlich wäre es auch hier moralisch schlecht, andere zu töten. Es wäre egoistisch. Denn wer sagt, dass das eigene Überleben wichtiger ist als das der anderen Menschen auf der Insel?

Manche ethische Konzeptionen (Biozentrik) gehen davon aus, dass jedes Leben, unabhängig von Spezies und Erscheinungsform, den gleichen Wert hat. Diese Position ist nicht unproblematisch, kann aber dazu beitragen, von der Diskriminierung der anderen wegzukommen. Wir müssen einsehen, dass wir alle ein vitales Interesse am eigenen Überleben haben, das unabhängig davon ist, wie groß, schwer, gescheit oder schön wir sind und auch unabhängig davon ist, welcher Spezies wir angehören. Die Frage ist nun, ob wir Menschen schon so weit sind, dies anzuerkennen und ob wir um der Gerechtigkeit willen bereit sind, auf das Recht Tiere zu töten zu verzichten.

Genauso wie der Vergewaltiger sagen kann, dass er sein Interesse daran, jemanden zu vergewaltigen höher gewichtet als das Interesse des Opfers, nicht vergewaltigt zu werden, können karnivore Menschen argumentieren, dass ihr Interesse daran, Tiere zu töten, um sie aufzuessen und sich in ihre Haut und ihr Fell zu hüllen, wichtiger ist als das Interesse der Tiere an ihrem eigenen Überleben. Beide in diesem Absatz angeführten Argumente verlaufen komplett analog. Ob wir sie nun akzeptieren oder als stark oder schwach ansehen, liegt an uns.

Wahrscheinlich würde es den durchschnittlichen kontemporären Menschen moralisch überfordern, Tieren ein Recht auf Leben zuzugestehen. Dennoch ist es für die vorliegende Argumentation von Bedeutung, dass jeder, der geboren wurde, ein Recht auf Leben hat. 'Jeder' bezieht sich nicht nur auf Menschen, sondern es wird hier davon ausgegangen, dass auch ein Tier – zumindest ein Tier mit Bewusstsein – jemand ist. Ein Wesen mit individuellem Charakter, mit Stärken und Schwächen und eigenen Interessen, die auch artikuliert werden. Auch Tiere verkörpern eine Existenz, die einmal ausgelöscht, nie wieder zurückkehrt und mit keinem Geld der Welt zurückgekauft werden kann. Eine Existenz, die es einmal gab und nie mehr wieder geben wird.

5 Ethische Missstände im kontemporären Pferdesport

Bezüglich der Behandlung von Pferden durch den Menschen gibt es mannigfaltige ethische Probleme. Man könnte viele Aspekte, die im Folgenden behandelt werden, als Jammern auf hohem Niveau bezeichnen, wenn man die wohl gravierendste Problematik ins Auge fasst: Die Produktion und Schlachtung von Tieren (respektive Pferden) zur Gewinnung von Fleisch und tierischen Produkten. Ich schreibe 'Produktion', denn das Lebewesen wird hier zu einem Ding, einem Produkt degradiert. Das größte Interesse, das ein moral patient hat, wird hier grundlegend verletzt, nämlich das Interesse am Überleben. Wie schon oben diskutiert wurde, ist eine solche Behandlung ethisch nicht tragbar, denn das Interesse des Menschen, Fleisch zu verzehren, ist bei weitem nicht so wichtig wie das Interesse dieser Tiere am eigenen Überleben. Dies ergibt sich aus der Situation, dass der westliche Mensch gesund und leicht ohne Fleisch leben kann, also sein Interesse am eigenen Überleben keineswegs angerührt wird, wenn er auf Fleisch verzichtet. Der Mensch verfolgt mit dem Fleischverzehr ein Interesse an Genuss und Luxus, das auf jeden Fall weniger wichtig ist als das Interesse der Tiere an ihrem eigenen Überleben.

Zur moralischen Bewertung des Produzierens und Tötens von Tieren durch Menschen gibt es zahlreiche Werke, die diese

Problematik diskutieren. Im Bewusstsein, dass dieses Buch nicht das größte Übel im Bereich Tierethik als Hauptthema behandelt, wollen wir uns nun den ethischen Missständen im kontemporären Pferdesport zuwenden. Zu Beginn folgt zunächst eine kurze Darstellung der historischen Entwicklung des Pferdesports.

6   Historische Entwicklung des Pferdesports

"Natürlich wäre es ein Fehler, die Historie pauschal zu
glorifizieren. Auch früher wurde schlecht geritten." (Heuschmann
2011, p.13) In eigentlich allen Episoden, die die gemeinsame
Geschichte von Pferd und Mensch durchlaufen hat, gab es solche,
die einen gerechten und wohltätigen Umgang mit dem Pferd
forderten und solche, die Pferde mit Gewalt ausbildeten.

> Die Reitkunst hat immer dann Fortschritte gemacht,
> wenn sie Gewalt durch Intelligenz ersetzt hat – indem
> sie Zwangsmittel abgeschafft und materielle
> Hilfsmittel vereinfacht hat, sich den Ursachen
> zugewendet hat, anstatt die Auswirkungen
> anzugehen, und die wahre Natur des Pferdes immer
> besser erfasst hat. (Karl 2006/2007, p.151)

Die nun folgende prägnante Darstellung der Entwicklung des
Reitsports konzentriert sich in besonderer Weise auf die ethisch
relevanten Entwicklungen.

> Die Domestizierung des Pferdes erfolgte um 5000-
> 3000 v. Chr. Das Pferd wurde zunächst sowohl als
> Lieferant für Fleisch, Milch, Fell, Leder und Geräte
> bzw. Schmuck aus Knochen als auch als Opfertier,
> gehalten. Dabei galt das Pferd in einigen Kulturen als
> Totemtier: Durch die Verspeisung des Totemtieres
> erhoffte man sich eine göttliche Kraft und die
> Fähigkeiten des Tieres. [...] Jahrtausende später –
> nach der Christianisierung – bedeutete das Essen von
> Pferdefleisch aus christlicher Sicht ein heidnisches

Opfer und galt als klares Zeichen für das Festhalten am Heidentum. Deshalb bezeichnete die Kirche das Pferdefleisch als unrein und minderwertig. (Frömming 2011, p.14)

Am Beginn der Nutzung des Pferdes durch den Menschen wurde das Pferd vor den Wagen gespannt. Streitwägen erwiesen sich in Kriegszügen als klarer Vorteil. "Der Übergang vom Fahren zum Reiten erfolgte zwischen 1250-800 v. Chr. Der reitende Krieger setzte sich gegenüber dem fahrenden Krieger durch." (Frömming 2011, p.16) Simon von Athen und Xenophon waren im antiken Griechenland die ersten, die Anweisungen für die Reitkunst schriftlich festhielten. Während jene von Simon von Athen verschollen sind, sind Xenophons Schriften erhalten geblieben und üben bis zum heutigen Tag einen gewissen Einfluss aus. Von Xenophon sind zwei hippologische Werke erhalten: *Peri Hippikes* und *Hipparchikos*. "'Peri Hippikes' und 'Hipparchikos' spiegeln die hohe ethische Auffassung des Sokrates Schülers wider." (Frömming 2011, p.24) "In beiden Werken wandte sich Xenophon an die Jugend der gehobenen aristokratischen Schicht, die das fertig ausgebildete und leistungsstarke Kriegs- und Paradepferd reiten sollte." (Frömming 2011, p.22) Xenophon übernahm von Sokrates die Devise, Belohnung vor Strafe zu setzen. (ibid.)

Als Schüler des griechischen Philosophen Sokrates ermahnte Xenophon den Reiter: 'Verliere beim Umgang mit Pferden nie die Beherrschung, das ist die wichtigste Regel für jeden Reiter.' Xenophon verlangte vom Reiter Zwangsfreiheit und Gerechtigkeit dem Pferd gegenüber. [...] 'Was unter Zwang erreicht wurde, wurde ohne Verständnis erreicht und ist ebenso unschön wie das Peitschen und Spornieren eines Tänzers.' (Frömming 2011, p.23)

"Ein besonderes Problem stellte zur damaligen Zeit die scharfe Zäumung mit sogenannten "Stachel-" bzw. "Igelgebissen" dar." (ibid.) Durch diese Gebisse bluteten die Pferde häufig aus dem Maul und sperrten dieses auf, um den Druck etwas zu lindern. (ibid.)

Jahrhunderte später (8. bis 9. Jh. n. Chr.) genoss das Pferd besondere Wertschätzung unter Karl dem Großen. "Wer ein Pferd tötete oder misshandelte, wurde bestraft. Sogar das Abschneiden des Schweifes oder der Mähne wurde geahndet." (Frömming 2011, p.30) Es war auch in den Zeiten von Karl dem Großen, als das Rittertum aufkam. Im 12. und 13. Jahrhundert fanden insgesamt sieben Kreuzzüge statt. "Das Reiten ohne kriegerischen Auftrag war ein Privileg des Adels." (Frömming 2011, p.31) Die schweren Ritterrüstungen verlangten schwere Pferde, wobei die Pferde zu dieser Zeit wahrscheinlich eine Widerristhöhe von 150 cm nicht überschritten. (ibid.) "Der Schwerbepanzerte trabte so gut wie nie und galoppierte selten." (Frömming 2011, p.32) Im Mittelalter löste das Pferd den Ochsen als Zugtier ab. Durch die Erfindung des Kummets wurde die

Zugtechnik wesentlich verbessert und ein Aufschwung der Wirtschaft stellte sich ein. (Frömming 2011, p.31)

Ritterturniere gewannen zunehmend an Popularität. "Gelegentlich zogen es die Ritter vor, lieber als Turnierteilnehmer zu leben, als sich an einem Kreuzzug zu beteiligen. [...] Die Turniere nahmen überhand und das Interesse an den Kreuzzügen ging zunehmend verloren." (Frömming 2011, p.34)

In der Renaissance (16. Jh.) bezeichnete man das Pferd "als das intelligenteste, aber gleichzeitig auch als das widersetzlichste Tier. Diese Widersetzlichkeit konnte – nach damaliger Meinung – nur durch Gewalt beseitigt werden." (Frömming 2011, p.37) Ebenfalls im 16. Jh. – im Jahre 1572 – wurde die spanische Hofreitschule in Wien erstmals erwähnt. "Seit dem 16. Jahrhundert gab es im vermehrten Umfang Schriften über die Pferdezucht und die Ausbildung der Pferde." (Frömming 2011, p.39) Ein bekannter Reitmeister dieser Zeit war der neapolitanische Edelmann Grisone.

> Falls sich ein Pferd verspannte und nicht vorwärts gehen wollte, empfahl Grisone den Einsatz der "bösen Katze". Diese musste kratzend und fauchend mit dem Rücken an einen Stock gebunden und dem Pferd an die Hinterhand gehalten werden. Wenn dies nicht half, empfahl Grisone dem Pferd ein Igelfell unter die Schweifrübe zu binden oder, wenn auch dies nicht helfen sollte, es mit brennendem Stroh an der Schweifrübe zu versuchen. (Frömming 2011, p.40)

Im 17. Jahrhundert wurde die Reiterei immer mehr auch zum Privatvergnügen breiterer Bevölkerungsschichten. Pferde wurden nunmehr nicht nur zu Kriegszwecken ausgebildet. "Mit der Gründung von Hofgestüten – vorwiegend im 16. und 17. Jahrhundert – begann eine systematische Pferdezucht. Dabei wurden für die höfische Repräsentation spanische oder neapolitanische Hengste besonders bevorzugt." (Frömming 2011, p.43) Während im kontinentalen Europa noch spanische Pferde in der Zucht beliebt waren, importierte man in England vor allem arabische Pferde, die die Basis für das Englische Vollblut bildeten. (ibid.)

Nach einer Periode, in der ein eher gewaltsamer Umgang mit dem Pferd dominierte, läutete Antoine de la Baume Pluvinel (1555-1620) eine neue Ära ein. Pluvinels Ausbildungsphilosophie war – wie schon bei Xenophon – "Lob statt Strafe". "Im Gegensatz zur Ausbildungsmethode vorheriger Jahrhunderte stand nun wieder [...] das Wohl des Pferdes im Mittelpunkt der Ausbildungsarbeit." (Frömming 2011, p.44)

Eine herausstechende Reiterpersönlichkeit des 17. Jahrhunderts war William Cavendish. William Cavendish, auch 'Herzog von Newcastle' genannt, gilt als Erfinder des Schlaufzügels. "Er rühmte sich, die Pferde in nur drei Monaten bis zur Croupade und Kapriole ausbilden zu können, bedauerte aber, dass sie anschließend häufig nicht mehr einsatzfähig waren." (Frömming 2011, p.52)

Im 18. Jahrhundert spielte Francois Robichon Sieur de la Guérinière eine prägende Rolle für die Ausbildung von Pferd und Reiter. Für Francois Guérinière war die systematische Gymnastizierung des Pferdes Voraussetzung für den zukünftigen Einsatz als Schul-, Jagd- oder Soldatenpferd. Guérinière legte Wert auf das theoretische Hintergrundwissen des Reiters. Er erhob die Reitkunst zu einer Wissenschaft. "Der Reiter sollte nicht nur Spaß am Reiten haben, sondern er müsse lernen, gerecht zu reiten, damit es dem Pferd täglich sowohl psychisch als auch körperlich besser gehe." (Frömming 2011, p.56)

Es war auch im 18. Jahrhundert, als das Reiten von Jagden sehr beliebt wurde. Bei den Jagden galt es vermehrt, natürliche Hindernisse wie Wälle und Zäune zu überwinden. Für diese Art des Reitens gab es noch keinerlei Anweisungen. Dies sollte sich später in der Geschichte noch ändern.

Im 19. Jahrhundert entwickelte sich ein Trend hin zur sportlichen Reiterei, die vorwiegend im Gelände stattfand. Gleichzeitig wurde auch in Kontinentaleuropa vermehrt auf blutgeprägte Pferde gesetzt. "Durch den Einsatz des Vollblüters in der Pferdezucht kam es zu einer Veredelung der Pferde [...]." (Frömming 2011, p.76)

Die klassische Schulreiterei und die neue englische Art durchs Gelände zu reiten standen sich nun gegenüber. Max Ritter von Weyrother (1783-1833) war jahrelang Leiter der Spanischen Hofreitschule und ging ein Stück weit mit dem Trend, ohne die Tradition aus dem Auge zu verlieren.

Er übernahm das System Guérinières und trat gleichzeitig für das vermehrte Vorwärtsreiten ein. Er sprach sich gegen die übertriebene und einseitige, künstliche Reitbahnreiterei aus und verband die Reitbahnreiterei mit der Geländereiterei. (Frömming 2011, p.77)

Im 19. Jahrhundert ersetzte die Motorisierung zunehmend das Pferd als Transportmittel. Es dauerte schließlich bis in die 60er-Jahre des 20. Jahrhunderts bis dieser Prozess abgeschlossen war. Währenddessen kam es gleichzeitig zu einem Absinken des Reitniveaus.

Bei der Kavallerie führten zu Beginn des 19. Jahrhunderts nicht nur der aus Geldknappheit vorgenommene Kauf wenig geeigneter Importpferde zum Rückgang der Reitkultur, sondern auch falsch verstandene Ausbildungsprinzipien, bzw. wenig klar formulierte Anweisungen. (Frömming 2011, p.74)

In dieser Zeit wurden die Pferde nicht wie heute im modernen Dressursport üblich mit der Stirnlinie in oder an der Senkrechten geritten, sondern es war oft eine vermehrte Aufrichtung anzutreffen: "Die Stirnlinie soll sich unter 45° nach vorwärts neigen." (ibid.) Andererseits kam die Nasen-Stirnlinie in manchen Situationen auch deutlich hinter die Senkrechte.

Die Pferde wurden "gekniebelt", sodass sie sich das "Schrammen" angewöhnten – sie gingen im Manöver mit dem Kinn auf die Brust gezogen durch. Der schlechte Ausbildungsstand der Pferde zeigte sich auch darin, dass in den Schlachten von 1813/1814 häufig entscheidend war, in welche Richtung die Pferde durchgingen. Teilweise waren die Kavalleriepferde vieler Regimenter auch so abgetrieben, dass sie selbst in weichem Boden kaum aus dem Schritt herauszubringen waren. (Frömming 2011, p.79)

Einige Reitmeister versuchten sich daran, das abgesunkene Niveau wieder zu heben. "1882 entstand unter der Federführung von Major Freiherr von Troschke die *"Preußische Reitvorschrift"*, die bis 1912 in Kraft blieb und zum Vorläufer der H.Dv.12 wurde." (Frömming 2011, p.82 [Hervorhebung wie im Original])

Ernst Friedrich Seidler (1798-1865), ein anderer namhafter Ausbilder des 19. Jahrhunderts, galt als genialer, aber auch als harter Ausbilder: "Wenn das Kröt nicht nachgeben will, dann brechen Sie ihm die Knochen entzwei." (Frömming 2011, p.84) Ein Vertreter der österreichischen Kavallerieausbilder war Baron Edelsheim-Gyulai (1826-1893). Bei ihm mussten die Remonten nach sechs Monaten Ausbildung fronttauglich sein. Er bildete Husaren aus, die alle Hindernisse im Gelände überwinden konnten.

Die täglichen "Karrieren" wurden niemals schnell genug geritten und die Pferde übertrieben mit Stock und Sporen nach vorne getrieben. Bei einem klebenden oder steigenden Pferd waren die Seitenreiter angewiesen, das Pferd mit der Peitsche auf den Kopf zu schlagen, bis es die Flucht nach vorne ergriff. So kam es angeblich sehr häufig zu Augenverletzungen. (Frömming 2011, p.86)

Manche Ausbilder präsentierten ihre Künste auch im Zirkus. Einer von ihnen war Francois Baucher (1796-1873). Die vorgeführten Lektionen sollten natürlich möglichst spektakulär sein. Baucher zeigte in Zirkusvorführungen "unter anderem die Galopp-Pirouette auf drei Beinen, den Galopp rückwärts, die Piaffe auf drei Füßen [...]." (Frömming 2011, p.89) Außerdem präsentierte er Galoppwechsel von Sprung zu Sprung, die er auch auf der Stelle ausführen konnte.

Paul Plinzner (1852-1920) versuchte das von ihm gelehrte System, das sogenannte "Plinznern", zu verbreiten. Plinzner bildete Pferde für Prinz Wilhelm aus, der eine angeborene Behinderung am Arm aufwies. Diese Pferde sollten besonders einfach zu steuern und gehorsam sein. Plinzner sah

> den Hals des Pferdes als Hebel und versuchte durch extremes Tiefeinstellen des Halses – "durchgefasste", "geplinznerte" Pferde – auf die Hinterhand des Pferdes einzuwirken und das Pferd zum Gehorsam zu erziehen. Gleichzeitig wurde intensiv mit Gesäß, Schenkel und Sporen getrieben, der Schwung aber nicht herausgelassen. Die Folge war eine häufig herausgestellte Hinterhand. Bei zahlreichen Pferden wurden kahle bzw. wunde Stellen im Sporenbereich sichtbar. (Frömming 2011, p.96)

Mit Pferden, die geplinznert waren, kam es vermehrt zu Unfällen in den Manövern. Gründe dafür waren, dass die Pferde durch die tiefe Kopf-Halshaltung Hindernisse und Bodenunebenheiten zu spät sahen und nicht mehr reagieren konnten, außerdem, dass sie ihren festgezogenen Hals nicht als Balancierstange verwenden konnten und, dass ihr gesamter Bewegungsapparat durch das Eng- und Tiefeinstellen blockiert wurde. Otto Lörke folgte Plinzner als Pferdeausbilder am Hof nach. Die Pferde wurden wieder in relativer Aufrichtung ausgebildet. Gleichzeitig hörten auch die Unfälle bei den Manövern auf. (Frömming 2011, p.96)

Im 20. Jahrhundert "verlor das Pferd als Zugpferd (Post, Fuhrunternehmen, Handwerksbetriebe) weiter an Bedeutung, sodass es Ende der 20er-Jahre in den Großstädten nahezu ausgedient hatte." (Frömming 2011, p.98)

> So entwickelte sich das Pferd vom allgemeinen Fortbewegungsmittel schwerpunktmäßig zu einem Reittier, das zunächst zwar auch noch militärischen Zwecken als Reit- und Zugtier diente, im weiteren Verlauf des 20. Jahrhunderts jedoch immer mehr zu einem Freizeitbegleiter des Menschen wurde. Dabei gewann die Sportreiterei in der ersten Hälfte des 20. Jahrhunderts zunehmend an Bedeutung. (ibid.)

Ende des 19. Jahrhunderts fanden die ersten Turniere statt. Auch erste internationale Wettbewerbe wurden ausgetragen. 1912 wurde Reiten mit den Disziplinen Dressur, Springen und Military eine olympische Sportart.

Der erste und zweite Weltkrieg riss tiefe Löcher in den Pferdebestand Österreichs. Durch den zweiten Weltkrieg wurde die Zucht von österreichischen Warmblütern beinahe zerschlagen. Während die Kavallerie geschwächt war, wurde die zivile Reiterei immer wichtiger. "Darüber hinaus gewann auf Initiative von Gustav Rau die ländliche Reiterei an Bedeutung. Die von Rau ausgegebene Parole [...] lautete: 'Der Deutsche Bauer auf selbst gezüchtetem Pferd muss der Sinn unseres Turniersports sein.'" (Frömming 2011, p.100)

1912 wurde unter anderem von General von Redwitz die "Heeres-Dienstvorschrift von 1912", genannt "H.Dv.12", herausgegeben.

> Das Ziel der Heeres-Dienstvorschrift war nicht die Ausbildung des Pferdes für die Hohe Schule, sondern durch gymnastische Übungen "das freie Muskelspiel des bepackten, den rücksichtslosen Anforderungen des Dienstes ausgesetzten Militärpferdes so zu fördern, dass sein Körper die vorgeschriebene Tragzeit von zehn Jahren aushält." (Frömming 2011, p.109)

Im Gegensatz zu früheren Vorgaben sollten junge Pferde nun schonend an die Belastungen des Kriegsdienstes herangeführt werden. Die Arbeit begann für die Pferde als Vierjährige, ein Jahr lang galten sie als "junge Remonten". Im zweiten Ausbildungsjahr bezeichnete man sie als "alte Remonten" und sechsjährig wurden sie in den Truppendienst eingereiht, wobei sie aber auch da noch nicht voll belastet wurden. "Als Remonte-Reiter wurden nur die besten, feinfühligsten und möglichst leichtesten Reiter ausgewählt, sodass es für jeden Kavalleristen eine besondere Auszeichnung war, ein Remonte-Reiter zu sein." (ibid.)

In die zweite Ausgabe der *H.Dv.12* wurde der von dem Italiener Caprilli verbreitete Springsitz aufgenommen. (Durch den Springsitz wird der Rücken des Pferdes über dem Sprung entlastet und somit wird dem Pferd das Baskulieren erleichtert bzw. erst wirklich ermöglicht.) Dies war ein entscheidender Fortschritt für das Spring- und Geländereiten.

In der Nachkriegszeit nach dem zweiten Weltkrieg wurden städtische Reitvereine immer wichtiger, wo man auch auf Schulpferden reiten lernen konnte. Häufig waren hier ehemalige Offiziere der Kavallerie als Reitlehrer beschäftigt. (Frömming 2011, p.120)

Der Reitsport entwickelte sich immer mehr zu einem rein privaten Freizeitvergnügen. In früheren Zeiten waren es Männer, die mit Pferden in den Krieg zogen. Deshalb waren es am Anfang der Entwicklung des Turniersports auch ausschließlich Männer, die Turniere bestritten. Dies änderte sich jedoch im Laufe der Zeit und bei den Olympischen Spielen 1952 in Helsinki waren erstmals auch Frauen startberechtigt. "Auffallend war, dass sich immer mehr Frauen für die Reiterei interessierten, einer sportlichen Betätigung, die Jahrhunderte als Domäne der Männer galt." (Frömming 2011, p.128)

In der Zeit, in der es vielen Menschen hauptsächlich darum ging, gemeinsam mit dem Pferd ihre Freizeit zu verbringen, wurde es auch für viele immer wichtiger, ihrem Partner Pferd ein artgerechtes Leben zu ermöglichen. So veränderten sich langsam die Reitställe. Es wurden Weiden angelegt und Außenpaddocks gebaut. "So wurde zunehmend – von der Freizeitreiterei ausgehend – auf die natürlichen Bedürfnisse des Pferdes mehr Rücksicht genommen und in die Reitausbildung integriert." (Frömming 2011, p.129)

"Eine weitere Änderung in der Ausbildung der Pferde lag darin, dass zunehmend vermehrt Wert auf die lösende Arbeit gelegt wurde." (Frömming 2011, p.131) In den 1970er- und 1980er-Jahren kam das Vorwärts-Abwärts-Reiten auf. Diese Entwicklung wurde von Lehrmeistern der alten Schule skeptisch beäugt. "Allerdings bestätigten sowohl Albrecht als auch Schultheis, dass die Pferde sich nun mit einer verbesserten Oberhalslinie bewegten." (Frömming 2011, p.132)

Bis zum Anfang der 70er-Jahre des 20. Jahrhunderts war ein Gehorsamssprung nach jeder Dressuraufgabe verpflichtend, danach wurde diese Anforderung gestrichen. Die für den militärischen Einsatz zwingende Vielseitigkeit wurde von einer zunehmenden Spezialisierung des Sportpferdes und Sportreiters abgelöst.

Wie in jeder Episode zuvor gab es zu dieser pferdefreundlichen Einstellung, die durch das Vorwärts-Abwärts-Reiten und die vermehrte Betonung der Losgelassenheit des

Pferdes geprägt war, auch eine Gegenbewegung, die durch das Reiten des Pferdes in Rollkur, das häufig in Verbindung mit der Verwendung von Schlaufzügeln stand, Ausdruck fand.

> Der eigentliche Ursprung der "Rollkur", vergleichbar mit der Reitweise Plinzners, fällt allerdings in die Mitte der 60er-Jahre, als Alwin Schockemöhle seine Pferde mit Schlaufzügeln arbeitete und gelegentlich besonders tief und eng einstellte. (Frömming 2011, p.144)

Zunächst war es auf den Abreiteplätzen von Springprüfungen gebräuchlich, Schlaufzügel zu verwenden, dann wurden sie auch auf Abreiteplätzen bei Dressurturnieren eingesetzt.

> In den 80er-Jahren kam es zu einem Verbot der Schlaufzügel auf dem Vorbereitungsplatz der Vielseitigkeitsreiter, einige Zeit später auch auf dem Vorbereitungsplatz der Dressurreiter. Die Initiative von Paul Stecken, auch auf den Vorbereitungsplätzen der Springreiter die Abschaffung der Schlaufzügel zu erreichen, scheiterte bereits im Ansatz. (Frömming 2011, p.144)

> Die Poesie der Dressur, das Ziel eines freudig und ausdrucksvoll mitarbeitenden Pferdes beginnt dort zu zerbrechen, wo Zwang und rohe Gewalt ihren Einsatz finden. Wer glaubt, dass Schlaufzügel keinen Zwang oder rohe Gewalt darstellen, der sollte sich einmal über die Kräfte Gedanken machen, die da walten. Hat man das verinnerlicht, erübrigt sich jedes ABER ... und jede Schönrederei! (Beran 2008, p.130)

Zunächst war es Nicole Uphoff – eine zu dieser Zeit sehr erfolgreiche deutsche Dressurreiterin –, die nach dem Prinzip der Rollkur ritt. In Deutschland wurde die Kritik an dieser gewaltsamen Ausbildungsmethode, die den Pferden Schmerzen verursacht, immer lauter und somit galt die Rollkur in Deutschland bald als verpönt, auch wenn ihr Einfluss bis heute spürbar ist. Im aktuellen Dressursport sind es primär die holländischen Dressurreiter und -trainer, die nach diesem Prinzip trainieren und ausbilden und dafür von vielen Kritik ernten. In den Prüfungen stellen sie die Pferde aber großteils in relativer Aufrichtung vor und so wurde es ihnen möglich, die Richter mit spektakulären Auftritten zu beeindrucken.

Da die Kritik immer lauter und die unschönen Aufnahmen von Pferden in Rollkur auch über das Internet schnell verbreitet wurden, wurde die FEI, die internationale Pferdesportvereinigung, aktiv. Es wurden Symposien abgehalten, bei denen das Thema Rollkur von allen Seiten beleuchtet wurde. "Die Kritiker sprachen gar von "learned helplessness", "gelernte Hilflosigkeit"." (Frömming 2011, p.149) Heutzutage werden Stewards auf den Abreiteplätzen eingesetzt, die die Reiter verwarnen sollten, wenn zu lange gewaltsam auf das Pferd eingewirkt wird. "Bei einem weiteren Zusammenkommen von Meinungsbildnern bei der FEI im Februar 2010 wurde festgelegt, dass "Hyperflexion/Rollkur" ein Zeichen aggressiver Krafteinwirkung ist und daher nicht akzeptiert werden kann." (ibid.) Wichtige Personen dieser Periode sind Anky van

Grunsven und Sjef Janssen auf der Pro-Rollkur-Seite und in besonderem Maß der deutsche Tierarzt Gerd Heuschmann auf der Seite der Gegner dieser Reitweise.

Bei der Rollkur wird die Nase des Pferdes bis an die Brust gezogen und das Pferd wird durch restriktive Handeinwirkung gezwungen, seinen Hals einzurollen. Durch diese unnatürliche Kopf-Hals-Position entstehen Schmerzen im Genick. Der Rücken wird überstreckt, das Pferd kann mit der Hinterhand nicht mehr unter seinen Schwerpunkt treten. Dadurch, dass die Pferde ihren Kopf so eng und tief tragen müssen, wird ihnen die Möglichkeit genommen, ihre Umgebung wahrzunehmen. Sie können lediglich noch den Boden direkt vor ihren Füßen sehen. Durch die starke Einwirkung mit der Hand entsteht ein großer Druck im Maul der meist auf Kandare gezäumten Pferde, sodass zum Teil ihre Zunge blau anläuft, da sie zu wenig durchblutet wird. Die Pferde lassen teilweise die Zunge aus dem Maul hängen, um dem Druck zu entgehen. Ein Beispiel solcher Vorgänge wurde allen Menschen über das Internet zugänglich, als jemand eine Aufnahme von Patrick Kittel, einem schwedischen Schüler von Sjef Janssen, bei einem Weltcupturnier 2009 online stellte.

Bedauernswerterweise sind gerade die Vertreter der Rollkur in letzter Zeit diejenigen, die besonders erfolgreich im internationalen Dressursport sind. Vielfach belohnten die Richter spektakuläre Vorstellungen, auch wenn die Pferde mit umstrittenen Trainingsmethoden ausgebildet worden sind. Geritten und trainiert wird im Dressursport großteils das, was die

Richter mit hohen Noten bewerten und somit liegt es in der Verantwortung der Richter, pferdegerechtes Reiten zu honorieren und Gewaltmethoden zu ahnden, auch wenn sie nur am Abreiteplatz oder in den heimischen Hallen zu sehen sind. "Turnierrichter stellen die Personengruppe dar, welche den größten Einfluss auf das vorherrschende System hat. Sie entscheiden im Wesentlichen über die Umsetzung guten oder weniger guten Reitens." (Heuschmann 2008, p.25) Es wäre zielführender – im Sinne der Pferde – das Reiten am Abreiteplatz sowie die praktizierten Ausbildungsmethoden zu bewerten und nicht die Minuten spektakulärer Vorstellungen im Dressurviereck.

In den Dressurbewerben der Olympischen Spiele 2012 in London zeigte sich eine positive Tendenz. Reiter, die ihre Pferde reell ausgebildet und losgelassen, in feiner Anlehnung präsentierten, konnten sich wieder vermehrt an der Spitze platzieren.

7   Entwicklung des Springsports

Schon in der Antike schrieb Xenophon darüber, wie wunderbar es ist, mit seinem Pferd über Gräben zu springen. Bei kriegerischen Auseinandersetzungen wurden natürliche Hindernisse entweder übersprungen oder mit Hilfe von Schulsprüngen zerstört. Aus dem militärischen Reiten im Gelände entwickelte sich im 19. Jahrhundert das sogenannte "Military", heute 'Vielseitigkeitsreiten' genannt. Auch zu nicht militärischen Zwecken wurde im Gelände geritten: "Bei Jagden, einem besonderen gesellschaftlichen Ereignis des Adels, wurden Naturhindernisse überwunden, wenn es keine Ausweichmöglichkeit gab." (Frömming 2011, p.160f)

Im Anfangsstadium des Springsports gab es noch keine Vorgaben, wie man über Hindernisse reiten sollte. Karl Kegel war einer der Ersten, der die Vorgaben für das Springreiten schriftlich festhielt. "Er hatte sich schon 1842 in seiner Schrift "Neueste Theorien der Reitkunst nach vernünftigen Grundsätzen des gesunden Menschenverstands" mit dem Springsitz befasst und eine Entlastung des Pferderückens über dem Sprung gefordert [...]." (Frömming 2011, p.161)

Federico Caprilli war also nicht der Erste, der den modernen Springsitz anwandte. Dennoch war es Caprilli, der den neuen Stil bekannt machte.

Diejenigen aber, die Caprilli und seine Schüler entweder in Pinerolo oder beim erfolgreichen Abschneiden auf Turnieren sahen, bemerkten sehr wohl, dass hier eine neue Ära angebrochen war. Bis zu diesem Zeitpunkt galten Hindernishöhen von 1 m bereits als hoch, ritt man dagegen nach dem neuen Caprilli-System war die Höhe von 1,50m und mehr erreichbar. (Frömming 2011, p.163)

Caprilli überließ die Verantwortung, das Hindernis passend zu überwinden, gänzlich dem Pferd. "Caprillis Lehren waren eine "Schule des Nicht-Einmischens"." (ibid.) Absprungbestimmtes Reiten von Hindernissen kam erst einige Zeit später auf.

Während Caprilli die dressurmäßige Gymnastizierung für das Springpferd sogar als abträglich befand, war man im Springstall der Kavalleriereitschule in Hannover im frühen 20. Jahrhundert anderer Meinung. Grundsätzlich wurde dort jedes Springpferd auch dressurmäßig gymnastiziert, wobei das Reiten mit Schlaufzügeln nicht üblich war.

Wer meinte, sein Pferd mit diesen Hilfszügeln arbeiten zu müssen, hatte zuvor einen schriftlichen Antrag zu stellen. Wer ohne schriftliche Genehmigung mit Schlaufzügeln ritt, musste mit einer Bestrafung rechnen und konnte sogar degradiert werden! (Frömming 2011, p.170)

Neben dem Einsatz von Schlaufzügeln ist auch das Barren der Pferde ein Thema, das kontrovers diskutiert wird. Bereits im Jahre 1845 empfahl Francois Baucher das Barren, um Pferde vorsichtiger zu machen. Beim Barren werden z.T. Eisenstangen von einem Helfer hinter dem Hindernis gehalten und dem Pferd in dem Moment, in dem es das Hindernis überwindet, auf die Röhrbeine geschlagen. Dadurch kommt es unter Umständen zu blutenden Verletzungen.

In den 50er-Jahren des 20. Jahrhunderts kam das "absprungbestimmte Reiten" langsam in Mode. Einer der ersten, die diesen Springstil anwandten, war Fritz Thiedemann.

> Seine Prinzipien waren Genauigkeit und Gehorsam. Er ritt eine Kombination mit nur drei Galoppsprüngen an, danach eine halbe Pirouette und wieder zurück. Er verlangte von seinen Pferden, dass sie sich auf den Reiter konzentrierten. So ritt er beispielsweise mit Zweier-Galoppwechseln auf einen Sprung zu. (Frömming 2011, p.175)

In den 1960er-Jahren machte Alwin Schockemöhle das Springreiten mit Schlaufzügeln wieder salonfähig. Springpferde wurden nicht nur dressurmäßig mit Schlaufzügeln geritten, sondern man verwendete sie auch beim Überwinden von Hindernissen. Da Schockemöhle in seiner Zeit sehr erfolgreich war, wurde diese Methode von vielen nachgeahmt, wobei oft gefährliche Situationen entstanden. (vgl. Frömming 2011, p.183) Auch heutzutage sieht man hie und da Reiter, die Schlaufzügel auch beim Springen verwenden. Oft sind es unschöne Szenen, wobei die Reiter die Pferde bis kurz vor dem Sprung mit dem Schlaufzügel in einem extrem kurzen Rahmen halten. Erst kurz vor dem Sprung kann sich das Pferd frei machen und so versuchen, sich noch irgendwie über die meist nicht zu klein dimensionierten Hindernisse zu retten.

1970 reiste die deutsche Springreiterequipe zu einer internationalen Turnierserie in die USA. Da sie dort ihre Pferde mit Schlaufzügeln abritten und im Parcours stets erfolgreich waren, hatten sie eine Vorbildwirkung inne und so verbreitete sich das Reiten mit Schlaufzügeln auch in den USA, wo es vorher nicht Usus war. Schlaufzügel wurden im englischen Sprachgebrauch daher auch "german reins" genannt. (vgl. Frömming 2011, p.184)

"In den 50er- und Anfang der 60er-Jahre war das Barren der Pferde zu einem viel diskutierten Problem geworden." (ibid.) Da das Verletzungsrisiko für die Personen, die die Eisenstangen hinter den Hindernissen hielten, nicht unerheblich war, wurden sogenannte "Barrautomaten" entwickelt, die manche sogar zu Turnieren mitbrachten. "Das Gestell erlaubte es, aus einiger Entfernung eine Stange in die Höhe schnellen zu lassen, um so das Pferd in der Springkurve an der Vor- oder Hinterhand zu treffen." (Frömming 2011, p.185) 1954 wurde das Barren auf öffentlichen Veranstaltungen von der deutschen FN eingeschränkt und 1958 wurde es schließlich auf öffentlichen Veranstaltungen verboten. (ibid.)

In den 70er- und 80er-Jahren des 20. Jahrhunderts setzte sich ein rhythmisches Reiten im Springparcours mit dezenter Absprungbestimmung durch. (Frömming 2011, 186) Auch brachte man die Pferde jetzt am Abreiteplatz systematisch dazu, Fehler zu machen, sodass sie im Parcours vorsichtiger sprangen. (Frömming 2011, 187) Um Pferde "sauber" zu machen, d.h. sie dazu zu bringen, Hindernisse ohne Stangenberührung bzw. - abwurf zu überwinden, wurden verschiedene Techniken angewandt. Vor einer gewissen Zeit gab es eine Diskussion wegen eines Videos, das einen Reiter beim Überwinden eines Wassergrabens zeigte, über den ein stromführender Draht gespannt war. Ein anderes Video wurde in einer Fernsehsendung thematisiert:

> Zu Beginn der 90er-Jahre sorgte ein heimlich gedrehtes Video über das "Saubermachen" von Auktionspferden für großes Aufsehen. Der Fernsehmoderator Günter Jauch konfrontierte Paul Schockemöhle und Reiner Klimke in einer Fernsehsendung nicht nur mit dem Video, sondern zeigte auch die Barrstange, die angeblich bei den Videoaufnahmen benutzt worden war. (Frömming 2011, p.199)

Die FN (die Deutsche Reiterliche Vereinigung) reagierte schnell. 1991 wurden in den "Potsdamer Beschlüssen" Richtlinien für eine korrekte reiterliche Haltung gegenüber dem Pferd beschlossen. Im Jahre 1992 wurden die "Leitlinien für den Tierschutz im Pferdesport" publiziert. 1993 wurden "Die Ethischen Grundsätze des Pferdefreundes" herausgebracht. (ibid.)

Eine andere Methode zur Sensibilisierung der Pferde, sodass sie im Parcours keine Fehler durch Abwürfe kassieren, ist das Behandeln der Pferdebeine mit scharfen Substanzen wie Capsaicin. Dies wird als "chemisches Barren" bezeichnet. Die Pferdebeine werden dadurch derart berührungsempfindlich, dass die Pferde auf keinen Fall mehr eine Berührung mit einer Stange in Kauf nehmen wollen. Bei den Olympischen Spielen 2008 in Peking wurden vier Reiter deswegen disqualifiziert, unter anderen der deutsche Springreiter Christian Ahlmann.

8   Missstände im Bereich Zucht

Die Pferdezucht kann als Basis des Reitsports angesehen werden. Durch sie werden Pferde für alle Bereiche hervorgebracht. In der Zucht entscheidet der Mensch, welche Tiere ihr Erbgut in welchem Ausmaß weitergeben. Dadurch sind Eingriffe möglich, die nicht nur profitabel für das Leben Zukünftiger sein können. So werden Tiere z.B. durch eine Einschränkung des Genpools weniger widerstandsfähig. Die Zucht kann aber ebenso als Instrument dazu verwendet werden, zukünftiges Leid zu verringern. Deswegen besitzt auch dieser Bereich ethische Relevanz.

Zucht an sich ist ethisch nicht ganz unproblematisch. Ist es moralisch richtig, dass der Mensch entscheidet, welche Tiere ihre Gene weitergeben und welche Tiere ein "dead end" sind? Dies wird bei männlichen Pferden oft in sehr jungen Jahren irreversibel entschieden. Bei so manchen Pferden, die sich im späteren Leben als besonders leistungsbereit, qualitätsvoll, klug und robust erwiesen haben, ist es bedauernswert, dass sie diese positiven Eigenschaften niemals an einen Nachkommen weitergeben werden. Dennoch ist es oft die Kastration, die einen Einsatz der männlichen Pferde durch den Menschen begünstigt. Wallache sind tendenziell ruhiger, einfacher im Umgang, einfacher zu reiten, unkomplizierter und es ist leichter möglich, ihnen eine artgerechte Haltung zu ermöglichen. Dank moderner

Technik ist es machbar, Hengste vor ihrer Kastration abzusamen und das Sperma für den Fall, dass sich die Pferde in Zukunft als besonders geeignet erweisen, tiefzugefrieren.

Momentan ist es dennoch Usus, Hengstanwärter im Alter von drei oder vier Jahren zu prüfen und sie dann zur Körung zuzulassen oder nicht. Gekörte Hengste können zur Zucht herangezogen werden. Da die Entscheidung, ob ein Hengst ein Vererber oder ein Wallach wird, sehr bald im Pferdeleben geschieht, wird häufig lediglich auf die Qualität der Gänge und auf das Exterieur (das äußere Erscheinungsbild) geachtet. So ist es möglich, dass auch Hengste, die Mängel im Interieur, wie z.B. mangelnde Leistungsbereitschaft, aufweisen, die Deckerlaubnis erhalten. Somit werden Pferde gezüchtet, die zwar schön und gangstark sind, aber für die Normalverbraucher unter den Reitern nicht geeignet sind, da sich ihre mangelnde Leistungsbereitschaft möglicherweise durch gefährliche Unarten äußert.

> Was ich der Warmblutzucht empfehlen würde, wiederum aus Erfahrung, ist wie wir in der Hofreitschule in erster Linie mit Pferden züchten, die im Interieur die Merkmale von ausgeprägter Rittigkeit besitzen. Die Bereitwilligkeit, die Leistungsbereitschaft, die muss erst einmal da sein. Das stellen wir über Exterieur und Gangvermögen. (Riegler 2010, p.73)

> Die Pferdezuchtverbände sind vordergründig daran interessiert, Pferde anzubieten, die der Sport verlangt. Die Hauptmotivation ist wirtschaftliches Interesse.

Die Tatsache, dass immer mehr Reiter im Freizeit- und Breitensport auf andere Pferderassen setzen (z.B. Isländer, Iberer u.a.) zeigt, dass die kontinuierliche Steigerung der Sportpferdequalitäten viele Freizeitreiter nicht mehr berücksichtigt. Die Zuchtverbände sollten sich fragen, ob diese Entwicklung mittel- und langfristig auch im eigenen Interesse sinnvoll ist. (Heuschmann 2008, p.35)

Neben der teilweisen Vernachlässigung der charakterlichen Eignung ist es in der modernen Zucht der Fall, dass auf die Gesundheit und Robustheit der Tiere zu wenig wert gelegt wird. Man wünscht sich Pferde mit übermäßigen Gängen, die edel und blutgeprägt sind. Dabei gehen aber mit außergewöhnlichen Gängen auch vermehrte Belastungen für Strukturen wie Gelenke, Sehnen und Bänder einher. "Ein [...] Grund, die übergroße Gangmechanik als Gefahr zu sehen, ist die Anfälligkeit solcher Pferde für Schäden am Bandapparat, insbesondere am Fesseltrageapparat." (Heuschmann 2011, p.29)

Wenn bereits dreijährig festgelegt wird, ob ein Hengst ein Vererber wird oder nicht, ist noch überhaupt nicht klar, wie er sich in der weiteren Ausbildung macht und ob er den Belastungen überhaupt gewachsen ist. Mangelnde Leistungsbereitschaft und/oder mangelnde Gesundheit/Robustheit sind die größten Problemfelder in der späteren Ausbildung. Oft werden Hengstanwärter von Profis ausgebildet, die problematische Verhaltensweisen in der frühen Ausbildung der Hengste durch teilweise gewaltsame Methoden kaschieren, um die Hengste bei den Leistungsprüfungen ansprechend vorstellen zu können. Diese Hengste vererben jedoch möglicherweise mangelnde Leistungsbereitschaft an ihre Nachkommen.

Im Gegensatz dazu werden Hengste nicht zur Körung zugelassen, die überaus brav, leistungsbereit und leichttrittig sind, weil sie z.B. eine Piephake aufweisen. (Eine Piephake ist eine Gewebsvermehrung am Sprunggelenk, die durch einen Schlag auf das Gelenk entstehen kann.) Gerade diese Pferde könnten Nachkommen hervorbringen, mit denen nicht nur Amateure große Freude haben könnten.

Die Problematik in der Pferdezucht konzentriert sich nicht nur auf die Vatertiere, sondern sehr wohl auch auf die Mutterstuten. Wenn man eine Stute besitzt, ist es ungleich leichter, diese zur Zucht heranzuziehen. Stuten müssen lediglich ins Stutbuch eingetragen werden und können dann Mutterfreuden erfahren. Oft werden Stuten, die aus irgendwelchen Gründen nicht geritten werden (können), als Muttertiere verwendet. Auf negative Eigenschaften, die sich aber vererben, wird zu wenig geachtet. Züchtern, denen dies bewusst ist, wählen ihre Stuten mit Bedacht und ziehen nur jene Tiere zur Zucht heran, die sich als leistungsbereit, charakterlich einwandfrei und gesund erweisen.

Aus ethischer Sicht geht es in der Pferdezucht nicht darum, Pferde hervorzubringen, die noch höher springen und noch schneller laufen können, sondern darum, Pferde zu züchten, die sich ihr Leben verdienen können. Es geht hier essentiell darum, dass es auch in den Händen der Züchter liegt, wie das Leben eines Pferdes verlaufen wird. Wenn der Züchter ein Pferd züchtet, das vom Interieur her so schwierig ist, dass es für einen normalen Reiter gefährlich ist, dieses Pferd einzusetzen, setzt das die Chancen des Pferdes auf ein langes Leben herab. Genauso sieht es für ein Pferd schlecht aus, das aus gesundheitlichen Gründen den sportlichen Belastungen nicht gewachsen ist. So ist es das Schicksal unzähliger Sportpferde, dass sie getötet werden, noch bevor sie erwachsen sind, da sie schon vor diesem Stadium "kaputt" sind.

Riegler (2010, p.50) sieht den Grund für ein frühes Ausscheiden von jungen Pferden aus dem Sport in der zu schnellen Ausbildung und der damit einhergehenden zu frühen übermäßigen Belastung der Pferde.

> Man kann es als Erfolg der heutigen Zucht ansehen, dass immer mehr Pferde schon sehr früh sehr gut sind und dementsprechend überfordert werden. Ob es die Gelenke aushalten, steht auf einem anderen Blatt. Oder der Kopf. Besonders hochveranlagte Pferde werden häufig zu schnell ausgebildet und dadurch verbraucht.

Die meisten Pferdebesitzer haben kein Interesse daran, einem "kaputten" Pferd das Leben auf der Weide oder in einem Offenstall zu zahlen, wenn das Pferd in keinster Weise einsetzbar ist. "Der Handel verdient logischerweise nicht an Reitern, die ihren Pferden eine "Lebensstellung" ermöglichen." (Heuschmann

2011, p.38) "Die perfide Wahrheit ist, dass es fürs Geschäft nur gut ist, wenn möglichst viele Pferde frühzeitig verschleißen und durch neue ersetzt werden müssen." (Heuschmann 2011, p.39)

Da die meisten Züchter züchten, um damit Geld zu verdienen – und am besten möglichst viel davon – sind sie darauf aus, Sportpferde zu züchten, die sich möglichst hochpreisig verkaufen lassen. Dr. Gerd Heuschmann analysiert den deutschen Pferdemarkt:

> Weit mehr als eine Million Reiter suchen Entspannung und Freude mit ihren Pferden in ihrer Freizeit. Nur etwa 84.000 Reiter besitzen eine Turnierlizenz. Doch genau diese kleine Zielgruppe haben unsere Vermarktungsprofis im Auge. (Heuschmann 2011, p.38)

Auf der einen Seite wird in der Pferdezucht vermehrt auf die Qualität der Pferde geachtet – wobei es hier nicht primär um die Leistungsbereitschaft geht, da diese ja nur recht begrenzt in jungen Jahren überprüft werden kann – auf der anderen Seite gibt es eine entgegengesetzte Gruppe von Züchtern, die direkt den Fleischmarkt im Auge hat. In Österreich sind dies vor allem die traditionellen Züchter, die Haflinger oder Noriker züchten. Es ist ihnen bewusst, dass die meisten ihrer Pferde nicht einmal ein Jahr alt werden. Für sie ist entscheidend, dass ihre Zuchtstuten kein Jahr "leer" bleiben, d. h. sie werden jedes Jahr besamt, egal mit welchem Hengst. Die Ergebnisse dieser Produktion werden teils auf Pferdmärkten feilgeboten und was nicht verkauft wird, geht noch an diesem Tag im Transporter nach Italien.

9   Jungpferdeausbildung

Jeder, der sich mit Jungpferden beschäftigt und diese ausbildet, sollte sich bewusst sein, dass er eine Aufgabe übernimmt, die mit viel Verantwortung einhergeht. Die Arbeit mit Remonten unterscheidet sich derart von der Arbeit mit erwachsenen Pferden, dass in der Jungpferdeausbildung die Basis für die weitere Zusammenarbeit mit dem Menschen gelegt wird. Wenn hier Fehler gemacht werden, kann das für das Schicksal des Pferdes von großer Bedeutung sein. Denn ein Pferd, das bereits beim Anreiten gelernt hat, wie es sich der Arbeit durch Widersetzlichkeiten entzieht, vergisst diese Technik womöglich ein Leben lang nicht und bleibt so immer ein Risiko für den Menschen. Oft sind es scheinbar kleine Fehler, die zur körperlichen und/oder geistigen Überforderung des jungen Pferdes führen. "Viele Remonten, die zum Verkauf stehen, sind bereits Korrekturpferde. Auktionspferde gehören leider zu einem sehr hohen Prozentsatz dazu." (Heuschmann 2011, p.31) Deshalb ist die Arbeit mit jungen Pferden heikler als mit erwachsenen Pferden, die schon eine gute Grundausbildung durchlaufen haben. Wenn aus Remonten erfolgreich Reitpferde gemacht wurden, können diese Pferde ihr weiteres Leben lang davon profitieren, denn sie können sich ihr Leben verdienen.

So wie der Mensch arbeiten gehen muss (zumindest die meisten), ist es auch für das Pferd essentiell, dass es entweder als Freizeit-, Sport-, Kutschen- oder Zuchtpferd eingesetzt werden kann. Sobald ein Pferd aus irgendwelchen Gründen nicht mehr einsetzbar ist, ist sein weiteres Überleben nicht gesichert. So entscheidet der Erfolg in der Basisausbildung in besonderem Maße darüber, ob das Pferd überhaupt eine Chance auf ein langes Leben hat.

Eine gelungene Basisausbildung, sodass das Pferd unkompliziert im Umgang ist, Vertrauen zum Menschen hat und sich brav und ruhig unter dem Sattel zeigt, ist für das Reitpferd von größter Wichtigkeit. Reiter, die sich das Anreiten von Jungpferden zutrauen, sollten über ausgedehntes Wissen über die Vorgehensweise, viel Einfühlungsvermögen und Geduld verfügen. Außerdem ist der feste und ausbalancierte Sitz im Sattel wichtig, denn auch wenn man keinen Fehler macht, kommt es hie und da zu Situationen, in denen die Sattelfestigkeit des Reiters getestet wird. "Nur ein reifer, erfahrener Pferdemensch kann ein Pferd zu einem ruhigen, selbstbewussten, gehorsamen und zuverlässigen Reitpferd formen." (Heuschmann 2011, p.52)

Weiters ist es von besonderer Bedeutung, dass junge Pferde nur dosiert belastet werden dürfen. "Wer weitsichtig ist und langfristig denkt, baut sein Pferd über Jahre hinweg systematisch auf und setzt es dosiert ein, um es lange reiten und dabei gesund erhalten zu können." (Heuschmann 2011, p.37) Junge Pferde befinden sich noch im Wachstum, ihre Gelenke, Sehnen und Bänder sind noch nicht übermäßig belastbar. "Voll belastbar ist ein gesundes, gut ausgebildetes Pferd erst ab einem Alter von etwa neun bis zehn Jahren." (Heuschmann 2011, p.59) Auch die

Muskulatur des Pferdes muss sich erst an die ungewohnte Belastung durch das sportliche Training gewöhnen. Zu viele junge Pferde werden exzessiv trainiert und erleiden dadurch irreversible Schädigungen.

> Viele junge Pferde – vor allem jene, die zum Verkauf stehen – müssen sich schon sehr früh regelmäßig in Topform auf Turnieren präsentieren und Schleifen sammeln. Längst nicht alle überstehen diese Tour de Force unbeschadet. Manchmal sind Unwissenheit und der Über-Ehrgeiz der Besitzer und/oder Reiter die Triebfeder, häufig jedoch geht es auch nur ums Geld. (Heuschmann 2011, p.32)

> Besonders die jungen Pferde werden dadurch leider zu einem bloßen Handelsobjekt, das nach dem Motto "Zeit ist Geld" oft nicht mehr remontegerecht geritten und ausgebildet wird. Es zahlt sich schließlich in barer Münze aus, zum Beispiel Jungpferdeprüfungen zu gewinnen. Eine altersentsprechende Remonteausbildung über Jahre würde im derzeitigen System nur dem Geschäft schaden. (Heuschmann 2007, p.23)

Schon kleine Fehler in der Jungpferdeausbildung können große Folgen nach sich ziehen. "Nicht immer, aber oft, wird auf Auktionsplätzen und in Handelsställen der Grundstein dafür gelegt, dass aus hoffnungsvollen Talenten Korrekturpferde werden." (Heuschmann 2011, p.31)

Auch die Haltung der jungen Pferde ist wichtig für das Gelingen der Zusammenarbeit zwischen Pferd und Mensch.

Junge Pferde haben naturgemäß einen ausgeprägten Bewegungsdrang, woraus sich ergibt, dass man es ihnen ermöglichen sollte, diesem in ausreichendem Maße nachzugehen. Die konventionelle Boxenhaltung ist dafür wenig geeignet. Wenn das junge Pferd in einer Box gehalten wird, sollte man ihm zumindest viel Zeit auf ausreichend großen Weideflächen möglichst mit anderen Pferden in der Gruppe oder zumindest zu zweit einräumen. So kann eine ausgeglichene Gemütsverfassung, die für die Ausbildung sehr wichtig ist, erzielt werden.

[...] im Hinblick auf die langfristige Entwicklung und auf die Gesundheit ist es erforderlich, ein Pferd vor allem in jungen Jahren sehr dosiert einzusetzen und ihm nach Leistungsphasen die notwendige Zeit zur Regeneration zu geben. Eine Überforderung wirkt sich nicht nur körperlich, sondern auch mental, immer negativ aus. Wenn Pferde einmal "sauer" sind und nicht mehr im Parcours, im Viereck oder im Gelände mitmachen, lässt sich das nur sehr schwer, manchmal auch gar nicht korrigieren. (Heuschmann 2011, p.37)

"Schon die H.Dv.12 (Heeresdienstverordnung von 1912) empfiehlt deshalb sinngemäß, dreijährige Pferde dreimal pro Woche, vierjährige viermal pro Woche usw. zu arbeiten." (Heuschmann 2011, p.58)

10   Pferdeausbildung allgemein

"Die Liebe zum Pferd ist das absolut überragende Gefühl, welches uns zum Reiter erhebt. Sie sollte der einzige Grund sein, warum wir den Umgang mit dem Pferd anstreben und unser Glück in der Harmonie mit ihm im Sattel suchen." (Beran 2008, p.16)

"Ziel ist das korrekt ausgebildete, zufrieden gehende Pferd, das sich in seiner natürlichen Schönheit und in Harmonie mit seinem Reiter präsentiert." (Heuschmann 2011, p.114)

Ein wichtiger Leitsatz – frei nach Philippe Karl – ist, dass die Dressur für das Pferd da ist und nicht umgekehrt. Dies ist der Geist der Arbeit mit dem Pferd, der aus der Liebe zur Kreatur entsteht. Einer, der sein Pferd liebt, möchte alles tun, damit es ihm gut geht. So kann man das Pferd durch gymnastizierende Dressurausbildung gesünder, schöner, stärker und stolzer machen.

> Dressur bedeutet nicht, ein Pferd abzurichten. [...]
> Der Sinn der Ausbildung besteht darin, das Pferd
> durch eine systematische Gymnastizierung körperlich
> und mental so zu stärken, dass es sich seinen
> natürlichen Anlagen gemäß entwickeln und sein
> Bewegungspotenzial voll entfalten kann. Die
> systematische Gymnastizierung schafft die
> Voraussetzung für die Leistungsfähigkeit und die

Gesundheit des Pferdes. So gesehen stehen Reiten und Tierschutz keineswegs im Widerspruch zueinander. Im Gegenteil, gutes Reiten ist praktizierter Tierschutz. (Heuschmann 2011, p.61)

Das Pferd lernt im Laufe der Ausbildung, sich zu entspannen und zur Ruhe zu kommen. Es soll sich beim Training wohlfühlen und danach zufrieden in den Stall gehen. Bei qualitativ hochwertiger Arbeit mit dem Partner Pferd wird großer Wert auf Harmonie gelegt. Reiten wird erst dann schön, wenn sich das Pferd wohlfühlt und Pferd und Reiter harmonisch zusammenarbeiten. Die Forderung nach Harmonie geht einher mit der Forderung nach Vertrauen und Freiheit von Zwang. "[...] Ausbildungsmethoden mit fragwürdigen Hilfsmitteln, die auf eine zwanghafte Unterordnung bauen [...] führen garantiert in die Sackgasse. Niemand wird begeistert tanzen, wenn man ihm dabei eine Pistole an den Kopf hält." (Heuschmann 2011, p.53f) Der freundliche Umgang mit dem Pferd ist für eine harmonische Zusammenarbeit von Mensch und Pferd essenziell. Pferde sind von Natur aus freundliche Wesen. Sie werden jede Freundlichkeit, mit der man ihnen begegnet, reflektieren, sodass die Beschäftigung mit dem Pferd auch für den Reiter eine große Freude ist.

"Ob Pferde von ihren Besitzern geliebt oder nur benutzt werden, können Sie an deren Gesichtern erkennen." (Beran 2008, p.16) Heutzutage gibt es viele Beispiele, wo Pferde mit Zwangsmitteln ausgebildet werden. Pferde werden geritten, um auf Turnieren Platzierungen zu erringen. Dabei werden sie oft zum Sportgerät, das man solange benutzt, bis es kaputt ist. Talentierte Pferde mit gutem Charakter werden zu schnell unter Druck ausgebildet. So erreichen sie schnell die höchsten Leistungsklassen, werden ein oder zwei Jahre dort vorgestellt, verschwinden dann aber von der Bildfläche, da meist gesundheitliche Probleme ihren weiteren Einsatz verhindern. Zusätzlich zu der Tatsache, dass das Pferd von Natur aus nicht dafür geschaffen ist, geritten zu werden, kommt die schnelle Ausbildung mit entsprechend starker früher Belastung, die die Pferde frühzeitig verschleißen lässt.

> Der Wunsch, Wettkampf zu betreiben, steht für einen großen Teil der Reiter weit über der Freude, ein Pferd auszubilden. Die Ausbildung orientiert sich vielerorts in erster Linie an den Prüfungsanforderungen. Die Bedürfnisse des Pferdes werden dabei zweitrangig. (Heuschmann 2011, p.13)

Somit lassen sich zwei divergierende Ansätze im Pferdesport beobachten: Auf der einen Seite gibt es einen gewissen Trend, die Pferde mit Hilfe von Schlaufzügeln und Rollkur zu unterwerfen, sie schnell auszubilden und zu verschleißen. Auf der anderen Seite gibt es eine Strömung der modernen Dressur, die sich an dem losgelassenen Pferd erfreut, das sich wohlfühlt, wo Turniereinsätze und Ausbildung nicht auf Kosten des Pferdes gehen dürfen. Diese Rücksicht auf das Wohl des Pferdes steht in einem gewissen Kontrastverhältnis zu wirtschaftlichen Interessen. Deshalb sind es vielfach Reiter, die nicht mit Pferden ihr Geld verdienen, die nach diesen Grundsätzen arbeiten. Jene, die mit Pferden bzw. Reiten Geld verdienen, sind häufig unter Druck gesetzt, Turniererfolge zu erreiten bzw. die Pferde schnell auszubilden. Dies erweist sich oft als unvereinbar mit allzu großer Rücksichtnahme auf die Gesundheit und lange Einsetzbarkeit des Pferdes.

Turniererfolge und Leistungen bis in hohe Klassen im Pferdesport und ein gesundes Pferd schließen sich nicht grundsätzlich aus. Dennoch wird jemand, dem die Gesundheit seines Pferdes besonders am Herzen liegt, dieses behutsam an sportliche Belastungen gewöhnen, sodass es kräftiger werden kann und somit Leistungen vollbringen kann, ohne dabei Schaden zu nehmen.

Missstände in der Pferdeausbildung haben oft mit Gewalt und Zwang zu tun. Wenn Reiter mit ihrem Latein am Ende sind, verstärken sie ihre Hilfen und setzten damit das Pferd vermehrt unter Druck. Teilweise kommt es dabei zu einer reiterlichen Einwirkung, die als nicht tierschutzgemäß anzusehen ist. Gründe dafür, dass gewisse Dinge in der Pferdeausbildung nicht funktionieren, sind meist Unvermögen seitens des Reiters oder Unvermögen seitens des Pferdes. Dies bedeutet, dass es oft der Fall ist, dass das Pferd eine verlangte Leistung nicht erbringen kann und nicht, dass es nicht will. Dass ein Pferd eine Leistung nicht erbringen kann, kann körperliche Ursachen haben, wobei Probleme überall im Körper lokalisiert sein können. Es kann sein, dass das Pferd mit der Aufgabenstellung körperlich und/oder geistig überfordert ist, oder gewisse Anforderungen nicht erfüllen kann, da es irgendwo Schmerzen oder Blockaden hat. Es macht keinen Sinn, jemanden zu etwas zwingen zu wollen, das er nicht ausführen kann! Ist das Unvermögen des Reiters Schuld an Problemen in der Arbeit mit dem Pferd, muss der Reiter an sich selbst arbeiten und nicht das Pferd für seine eigenen Fehler bestrafen. Darum muss ein guter Reiter immer selbstkritisch sein und seine Einwirkung stets hinterfragen und verbessern. Man darf nie die Geduld verlieren und muss stets fair zu dem Pferd sein. Wenn man dies in einem gewissen Moment nicht mehr kann, ist es fairer, abzusteigen und das Pferd in den Stall zu bringen. Dann gilt es, Ursachenforschung zu betreiben und Trainer und/oder Veterinär um Hilfe zu bitten.

"Im Vergleich zu anderen sportlichen Aktivitäten ist der Umgang mit dem lebenden Tier allerdings für den Menschen auch eine besondere Herausforderung: Er muss in besonderer Weise an sich selbst arbeiten [...]." (Heuschmann 2011, p.10)

Wenn es um Leistung im Pferdesport geht, muss man immer auch bedenken, dass Talent beim Reiten eine nicht unerhebliche Rolle spielt. Ein guter Reiter muss viel Einfühlungsvermögen mitbringen. Dies kann man auch nur zu einem begrenzten Maß erlernen. Wenn man als Reiter an die Grenzen seines Talentes stößt, gilt es, sich mit Hilfe eines guten

Trainers weiterzubilden, gegebenenfalls seine eigenen Grenzen zu respektieren und nicht das Pferd durch Zwangmittel dazu zu bringen, dass es zumindest für das ungeübte Auge so aussieht, als ob man sein Pferd schon gut reiten könnte.

c) Zügelhilfen[2]
Zügel- und Longenhilfen bedürfen einer einfühlsamen Hand. Sie dürfen weder unsachgemäß eingesetzt werden noch mit Schmerzen für das Tier verbunden sein.

[...]

d) Sporen
Die Benutzung von Sporen muß Reitern mit fortgeschrittenem Ausbildungsstand vorbehalten bleiben, die in der Lage sind, dieses Hilfsmittel kontrolliert einzusetzen. Sporen dürfen nicht missbräuchlich eingesetzt werden. Ihr Einsatz darf nicht zu Verletzungen führen.
Es sind nur solche Sporen zu verwenden, die bei sachgerechter Anwendung nicht zu Stich oder Schnittverletzungen führen.

e) Peitschen und Gerten
Der Gebrauch von Peitschen, Gerten oder ähnlichen Hilfsmitteln darf bei der Ausbildung, beim Training oder bei der Nutzung, einschließlich des Wettbewerbs, über eine Hilfengebung nicht hinausgehen. Der Peitschen- oder Gerteneinsatz am Kopf und an den Geschlechtsteilen ist tierschutzwidrig.

---

[2] Aus Gründen der Übersichtlichkeit sind im Folgenden Auszüge aus den "Leitlinien für den Tierschutz im Pferdesport", den "Ethischen Grundsätzen des Pferdefreundes" und aus (österreichischen) Gesetzestexten fett gedruckt.

[...]

g) Unerlaubte Hilfsmittel und Manipulationen
Unerlaubt und tierschutzwidrig ist die Durchführung von Manipulationen oder die Anwendung von Hilfsmitteln durch die einem Pferd bei Ausbildung, Training und Nutzung ohne vernünftigen Grund Schmerzen zugefügt werden oder durch die Leiden oder Schäden entstehen können.
Darunter fallen z. B.

- die Anwendung stromführender Hilfsmittel, wie Elektrotreiber, Elektroführmaschinen mit stromführenden Treibhilfen, stromführende Sporen, stromführende Peitschen,

- die Durchführung von Manipulationen am Pferd zur Beeinflussung der Leistung, wie Blistern, präparierte Bandagen oder ähnliches,

- die Anwendung schädigender Beschläge oder das Anbringen von Gewichten an den Extremitäten,

- die Anwendung einer Methode des Barrens, bei der dem Pferd erhebliche Schmerzen zugefügt werden, um es zum stärkeren Anziehen der Karpal- oder Tarsalgelenke zu veranlassen, zum Beispiel Schlagen mit Hindernisstangen, Gegenständen oder Stangen aus Eisen, Verwendung stromführender Drähte über dem Hindernis. (Leitlinien für den Tierschutz im Pferdesport, 1992, p.10f)

Es ist sicherlich als Missstand im Pferdesport anzusehen, dass viele Pferde durch den Reiter unter Druck gesetzt und ungerecht behandelt werden, wenn sie eine gewisse sportliche Leistung zu einem gewissen Zeitpunkt nicht erbringen können. Deshalb ist es besonders wichtig, dass Lehrpersonal im Reitsport eine Brücke zwischen den Empfindungen des Pferdes und dem Verständnis des Reiters spannt. Dies erfordert Können und Erfahrung seitens der unterrichtenden Person. Ausbilder im Pferdesport sind Multiplikatoren und durch sie kann und soll Wissen und Verständnis verbreitet werden. "Wir sollten uns sowohl im Turnier- als auch im Breitensport bei allen jungen Reitern und Neueinsteigern extrem um horsemanship, Bildung und Ausbildung bemühen." (Heuschmann 2011, p.69) Viele Ungerechtigkeiten und Fehler seitens der Reiter treten auf Grund von unzureichendem Wissen und folglich mangelndem Verständnis auf.

Der verhaltens- und tierschutzgerechte Umgang mit Pferden bei der Ausbildung, beim Training und bei der Nutzung verlangt ein hohes Wissen und Können.

Tierlehrer und Personen, die häufig mit Pferden Umgang haben, müssen in der Lage sein, das Verhalten des Pferdes als Ausdruck seiner Befindlichkeit zu erkennen und zu akzeptieren, von ihm nur die jeweils möglichen Leistungen zu verlangen und die für die Situation geeigneten Hilfen anzuwenden. (Leitlinien für den Tierschutz im Pferdesport, 1992, p.2)

Wenn man sich als Reiter fragt, ob gewisse Methoden tierschutzgerecht sind oder nicht, braucht man sich nur an folgendem Satz orientieren: Arbeite immer so mit deinem Pferd, dass du dies guten Gewissens vor Publikum tun kannst. Wenn man gute Arbeit leistet, ist die Harmonie und die faire

Behandlung des Pferdes auch für den Zuschauer ersichtlich. Strafen sind manchmal angebracht, wenn das Pferd sich wirklich respektlos oder unhöflich verhält. Diese sind richtig angewendet aber kaum mehr als ein einziges Mal angezeigt, denn das Pferd merkt sich schnell, wenn der Mensch Respekt fordert und sich so als starke Führungsperson präsentiert. Respektlosigkeiten werden in der Herde vom Herdenchef sofort geahndet. Tut er das nicht, wird die Rangordnung unsicher. Die Pferde werden verunsichert und beginnen, die Führungsqualitäten des Alphatieres anzuzweifeln. Das Vertrauen in dieses beginnt zu bröckeln. Das Pferd fühlt sich bei einem starken, fairen und konsequenten Boss gut aufgehoben. Ein guter Chef ist emotional ruhig und nicht nachtragend. "Gut reiten kann man nur, wenn man seine Emotionen im Griff hat." (Heuschmann 2011, p.54)

d) Strafen als Ausnahmen
Strafen sowie Zurechtweisungen durch Hand, Gerte oder dergleichen, dürfen nur in unumgänglichen Situationen eingesetzt werden. Sie müssen angemessen sein [...]. Lob, Zurechtweisungen und Strafen sind nur in unmittelbarem Zusammenhang mit dem jeweiligen Verhalten wirksam. Strafen dürfen keine längerdauernden Schmerzen und keinesfalls Schäden verursachen.
Strafaktionen nach mißglücktem Einsatz sind sinnlos und tierschutzwidrig. (Leitlinien für den Tierschutz im Pferdesport, 1992, p.6)

Jemand, der sein Pferd gut erzogen hat, wird kaum noch strafen müssen, da das Pferd bereits in seiner Grundausbildung lernt, dass der Mensch das ranghöhere Alphatier ist, dem man vertrauen kann und das es zu respektieren gilt. Pferde sind grundsätzlich freundliche Wesen, die sich meist nur zu Abwehrzwecken aggressiv zeigen. Ein erfahrener Pferdemensch kann Situationen genau einschätzen und erzieht sein Pferd dazu, Menschen respektvoll zu begegnen. Dann wird es der Fall sein, dass es nur noch Anlässe gibt, das Pferd zu loben und ihm zu danken und es wird keinen Grund mehr für Strafe geben.

Die Grenze der Intensität von Einwirkungen auf das Pferd ist am Vergleich mit dem innerartlichen Sozialverhalten der Pferde und den dort angewandten Verständigungs- und Durchsetzungsmitteln zu orientieren, soweit diese nicht zu Schäden führen. (Leitlinien für den Tierschutz im Pferdesport, 1992, p.5)

Dies bedeutet, dass Einwirkungen deutlich und energisch ausfallen dürfen. Wer Pferde in einer Herde beobachtet, sieht, dass unter Pferden oft ein rauer Umgangston herrscht, wenn es um das Ausmachen der Rangordnung geht. Artgerechter Umgang mit Pferden kann also manchmal auch strenges Durchgreifen fordern. Der Mensch muss aber genau wissen, wann dies gerechtfertigt und der Erziehung des Pferdes und somit der Harmonie zwischen Mensch und Pferd dienlich ist.

Ungerechtfertigte Strafen können das Vertrauen, das das Pferd dem Menschen entgegenbringt, stark schädigen.

c) Fluchttier
Körper und Verhalten des Pferdes entsprechen seiner hohen Spezialisierung als Fluchttier. Schreckhaft zu sein ist für Pferde natürlich und bewahrt sie vor möglichen Schäden. Beim Umgang mit Pferden, besonders bei ihrer Ausbildung, muß dieses angeborene Verhalten berücksichtigt werden. Pferde wegen Schreckreaktionen oder Scheuen zu bestrafen, ist deshalb falsch und verstärkt nur Angst und körperliche Verspannung. (Leitlinien für den Tierschutz im Pferdesport, 1992, p.3)

Ein verständnisvoller, fairer und konsequenter Umgang mit dem Partner Pferd ist zielführend. Für den Menschen ergibt sich eine neue Herausforderung in der Kommunikation, denn er muss mit einem Lebewesen interagieren, das eine andere Sprache spricht, andere Bedürfnisse hat und andere artspezifische Merkmale aufweist. Der Mensch muss lernen, dass das Pferd kein Mensch ist und das Pferd muss lernen, dass der Mensch kein Pferd ist. Wenn das Pferd mit einem Menschen spielt, wie es mit einem pferdischen Spielkameraden spielen würde, kann das für den Menschen recht gefährlich sein. Somit kann einerseits von einer Vermenschlichung des Pferdes abgeraten werden, andererseits darf und soll der Mensch auch seine Neigung zu einem freundlichen und liebevollen Umgang mit einem geliebten Wesen verwirklichen.

Das Pferd ist nur dann in der Lage, seine angeborenen Anlagen voll zu entfalten, wenn seine artgemäßen Lebensanforderungen erfüllt werden und es sich mit seiner Umwelt - das heißt auch mit dem Menschen - in Einklang befindet. Dies zu erreichen, muß Ziel aller Ausbildung und Nutzung von Pferden sein. Voraussetzung dafür ist, dass das Pferd nicht "vermenschlicht", sondern seiner Art gemäß behandelt wird. (Leitlinien für den Tierschutz im Pferdesport, 1992, p.2f)

"Durch fachliche Anleitung und Betreuung muss der Reiter beispielsweise zur Selbstbeherrschung angewiesen werden, denn der Umgang mit dem Tier sollte dem rücksichtsvollen Umgang der Menschen untereinander gleichkommen." (Scholz 2007, p.9)

Nach den Leitlinien für den Tierschutz im Pferdesport (1992) sind zwei Dinge, die bereits im historischen Teil dieser Abhandlung angeschnitten wurden, nicht tierschutzgerecht: Erstens das Barren und zweitens das Erzwingen einer starren Kopf-/Halshaltung mittels Schlaufzügeln oder restriktiven Zügelhilfen.

In der Regel soll bei Ausbildung und Training auf Hilfszügel verzichtet werden, sofern sie nicht, wie z. B. beim Longieren und bei der Ausbildung der Reiter, die Führungshilfe durch die Hand ersetzen.
Hilfszügel dürfen keine Zwangsmittel sein, sondern sollen über kurze Zeiträume dem Pferd helfen, das Geforderte zu verstehen und umzusetzen. Wird ein Pferd durch Hilfszügel, z. B. Schlaufzügel oder durch Zügelhilfen, häufig oder länger anhaltend in Spannung versetzt oder zu

stark beigezäumt, so können erhebliche Schmerzen oder Schäden entstehen. Ein derartiger Gebrauch von Führungshilfen ist tierschutzwidrig. Tierschutzwidrig ist es auch, Pferde im Stall, beim Transport oder auf dem Transportfahrzeug auszubinden. (Leitlinien für den Tierschutz im Pferdesport, 1992, p.12)

Dennoch sind beide oben angesprochenen Methoden weit verbreitet. Um der Problematik des Barrens entgegenzuwirken, wurde 2009 vom Österreichischen Pferdesportverband ein Merkblatt mit dem Titel "Verhaltensregelung für Richter und Stallkameraden zur Hintanhaltung von Tierquälerei bei Turnieren und beim Training" herausgegeben. In diesem wird darauf hingewiesen, dass Barren gemäß dem Österreichischen Tierschutzgesetz verboten ist. Außerdem wird betont: "Geht man davon aus, dass der Straftatbestand der Tierquälerei [...] verwirklicht wird, ist der Versuch bzw. das Unterlassen der Verhinderung eines Verstoßes strafbar." (Eisenstädter 2009, p.1) Das bedeutet, dass jeder, der jemanden dabei beobachtet, wie er diese Methode anwendet, verpflichtet (!) ist, einzuschreiten.

Somit sind nicht nur Richter und Funktionäre bei einem Turnier dafür verantwortlich, dass solche Verstöße geahndet und möglicherweise an die Behörden weiter gemeldet werden, sondern jeder, der solche Verstöße wahrnimmt. Gleiches gilt auch bei Verstößen, die nicht bei Turnieren begangen bzw. wahrgenommen werden. Anschließend kann festgestellt werden, dass derartige Verstöße vorwiegend beim Training vorkommen. Deshalb ist es notwendig diesbezüglich Vereinsmitglieder zu sensibilisieren. (ibid.)

Wenn es nicht gelingt, derartige Verstöße zu unterbinden, ist Beweismaterial in Form von Fotos oder Videoaufnahmen sicherzustellen und Anzeige zu erstatten. Auch weitere Zeugen sind hilfreich. (ibid.)

Somit hat sich der Österreichische Pferdesportverband zum Thema Barren deutlich positioniert. Das extreme Einrollen des Pferdehalses durch restriktive Zügeleinwirkung wird auf Seite 12 der "Leitlinien für den Tierschutz im Pferdesport" als tierschutzwidrig bezeichnet (siehe oben). Dennoch ist es auf internationalen Turnieren (auch in Deutschland) möglich, dass Reiter, die ihre Pferde auf den Turnieren (siehe Abreiteplatz) so arbeiten, in den Prüfungen hoch platziert werden und hohe Summen an Preisgeld einstreichen. Reiter, die tierschutzwidrige Praktiken ausüben, sollten eigentlich – spätestens wenn sie nach Abmahnung nicht damit aufhören – gnadenlos disqualifiziert werden. Dies wäre ein Zeichen dafür, dass das Wohl des Pferdes im Pferdesport die oberste Priorität darstellt.

"Wer, wenn nicht die Richter, soll für die Einhaltung und bestmögliche Umsetzung der Ethischen Grundsätze sorgen?" (Heuschmann 2011, p.24)

"Nehmen wir mittlerweile billigend in Kauf, dass unser so ästhetischer Dressursport seine Hauptprotagonisten verschleißt, wie ein Radrennfahrer sein Material?" (Heuschmann 2011, p.21)

11 Missstände im Bereich Haltung

Bezüglich der Haltung von Pferden gibt der Gesetzgeber einige Anforderungen vor, die Mindestanforderungen darstellen. So ist speziell im 2. Hauptstück von §13 zu den Grundsätzen der Tierhaltung unter Pkt. 2 als Mindestanforderung zu lesen:

> **(2) Wer ein Tier hält, hat dafür zu sorgen, dass das Platzangebot, die Bewegungsfreiheit, die Bodenbeschaffenheit, die bauliche Ausstattung der Unterkünfte und Haltungsvorrichtungen, das Klima, insbesondere Licht und Temperatur, die Betreuung und Ernährung sowie die Möglichkeit zu Sozialkontakt unter Berücksichtigung der Art, des Alters und des Grades der Entwicklung, Anpassung und Domestikation der Tiere ihren physiologischen und ethologischen Bedürfnissen angemessen sind. (Gesamte Rechtsvorschrift für Tierschutzgesetz, §13, Fassung vom 26.08.2012)**

Darüber hinaus ist eine Haltung, die (bei) dem Tier Schmerzen, Leiden oder Schäden verursacht, Tierquälerei:

> **Verbot der Tierquälerei**
> **(1) Es ist verboten, einem Tier ungerechtfertigt Schmerzen, Leiden oder Schäden zuzufügen oder es in schwere Angst zu versetzen**
> **(2) Gegen Abs. 1 verstößt insbesondere, wer [...]**
>
> **13. die Unterbringung, Ernährung und Betreuung eines von ihm gehaltenen Tieres in einer Weise vernachlässigt, dass für das Tier Schmerzen,**

Leiden oder Schäden verbunden sind oder es in schwere Angst versetzt wird; […]. (Gesamte Rechtsvorschrift für Tierschutzgesetz, §5, Fassung vom 21.08.2012)

Georg W. Fink begründet die Dringlichkeit, Missstände in der Pferdehaltung zu beseitigen:

> Wir reiten unsere Pferde nicht zu Tode, wir halten sie zu Tode. Im Bereich der Freizeitreiter tut sich allerdings schon einiges, es sind vielfach die konventionellen Reitbetriebe, in denen die Denkweise noch sehr, sehr altmodisch und damit schädlich für die Pferde ist. (Georg W. Fink zitiert in Schmidt 2008, p.15)

Das österreichische Gesetz gibt Mindestanforderungen in der Pferdehaltung u.a. bezüglich Liegeflächen, Licht, Frischluftzufuhr, Ernährung, Bewegung, Betreuung und Hufpflege an. Im Folgenden wird auf einzelne Punkte genauer eingegangen.

11.1 Liegeflächen

"Die Liegeflächen der Tiere müssen eingestreut, trocken und so gestaltet sein, dass alle Tiere gleichzeitig und ungehindert liegen können." (Gesamte Rechtsvorschrift für 1. Tierhaltungsverordnung, §6, Anlage 1, 2.1, Fassung vom 21.08.2012)

Eisenstädter (2012, p.87) gibt für die Menge der Einstreu 10 bis 15 kg pro Box an. Es entspricht nicht der momentanen Gesetzgebung, Gummimatten ohne Einstreu zu verwenden oder die Liegeflächen mit einer zu geringen Menge an Einstreu auszustatten. "Liege- und Ruhebereiche einzig mit Stallmatten ohne Einstreu auszulegen, ist unter tierschutzrelevanten Gründen allerdings strikt abzulehnen [...]." (Schmidt 2008, p.78) Studien haben ergeben, dass Pferde auf nicht eingestreuten Gummimatten lediglich 30 Prozent der Zeit liegen, die sie auf gut eingestreuten Liegeflächen liegen. In manchen Einstellbetrieben wird zu wenig ausgemistet und zu wenig eingestreut, sodass die Pferde auf wenig feuchter Einstreu auf Betonböden stehen, was zweifellos den Komfort reduziert und Erkrankungen z.B. der Atemwege oder der Hufe hervorrufen kann. Außerdem können sich die Pferde beim Aufstehen wunde Stellen, besonders an den Sprunggelenken, zuziehen.

In manchen Ställen wird auf trockene, komfortable Liegeflächen Wert gelegt; dies wird von den Pferden dankbar angenommen. Es ist wichtig, dass jedem Pferd ausreichend Fläche zur Verfügung steht, um sich flach ausgestreckt hinlegen zu können, da dies eine Voraussetzung für Tiefschlaf bzw. Remschlaf des Pferdes ist. Eine Problematik in manchen Offenställen ist außerdem, dass den einzelnen Pferden keine ausreichenden Liegeflächen zur Verfügung gestellt werden und so rangniedrige Pferde kaum zur Ruhe im Liegen kommen.

11.2 Ernährung

(1) Art, Beschaffenheit, Qualität und Menge des Futters müssen der Tierart, dem Alter und dem Bedarf der Tiere entsprechen. Das Futter muss so beschaffen und zusammengesetzt sein, dass die Tiere ihr arteigenes mit dem Fressen verbundenes Beschäftigungsbedürfnis befriedigen können.

(2) Die Verabreichung des Futters hat die Bedürfnisse der Tiere in Bezug auf das Nahrungsaufnahmeverhalten und den Fressrhythmus zu berücksichtigen.

(3) Die Tiere müssen entsprechend ihrem Bedarf Zugang zu einer ausreichenden Menge Wasser von geeigneter Qualität haben.

(4) Futter und Wasser müssen in hygienisch einwandfreier Form verabreicht werden.

(5) Die Fütterungs- und Tränkeeinrichtungen sind sauber zu halten und müssen so gestaltet sein, dass eine artgemäße Futter- und Wasseraufnahme möglich ist. Sie müssen so angeordnet sein und betrieben werden, dass alle Tiere ihren Bedarf decken können. (Gesamte Rechtsvorschrift für Tierschutzgesetz, § 17, Fassung vom 26.08.2012)

In manchen Ställen wird nur zweimal täglich gefüttert. Der Gesetzgeber fordert aber, dass täglich mindestens dreimal Raufutter gefüttert werden muss, wenn dieses nicht ad libitum zugänglich ist.

"Den Tieren ist das der Leistung entsprechende Kraftfutter und mindestens drei Mal täglich Raufutter zur Verfügung zu

stellen, sofern keine Möglichkeit zu freier Aufnahme besteht." (Gesamte Rechtsvorschrift für 1. Tierhaltungsverordnung, §6, Anlage 1, 2.6, Fassung vom 19.08.2012)

Dies hat zum Hintergrund, dass das Pferd von Natur aus darauf ausgelegt ist, circa 12 bis 18 Stunden täglich langsam Futter mit niedrigem Nährstoffgehalt aufzunehmen. Der Magen des Pferdes produziert ständig Magensäure, die die Magenwände angreift, wenn der Magen länger leer bleibt. Da dieser Tatsache zu wenig Aufmerksamkeit geschenkt wird, entwickeln viele Pferde Magengeschwüre. Manche Einschätzungen gehen davon aus, dass 50 bis 70 Prozent der domestizierten Pferde solche aufweisen. Zeiträume von mehr als vier Stunden am Stück ohne Nahrungsaufnahme stellen für das Pferd Hungerperioden dar.

In vielen Ställen wird nicht nur an Einstreu und Entmistung gespart, sondern auch am Raufutter. Somit wird den Pferden zu wenig Heu zur Verfügung gestellt, was zur Folge hat, dass sie hungern und vor der Fütterung schon ganz fahrig vor Hunger sind. Außerdem verlieren sie zwangsläufig an Körpergewicht, besonders, wenn sie sportliche Leistungen erbringen müssen. Um ein Pferd ausreichend mit Heu zu versorgen, muss man mit 12 bis 15 kg[3] Heu für ein 600 kg schweres Warmblut rechnen.

---

3 Manche Quellen geben geringere Mengen an. Hier wird eine Empfehlung von Mag. Matthias Koller (Pferdeklinik Irnharting) wiedergegeben, der

---

In manchen Ställen wird jedoch nur circa 6 kg Heu am Tag gefüttert. Besonders für schwerfuttrige Warmblüter ist dies keinesfalls ausreichend. Ponys oder Kleinpferde sind tendenziell eher leichtfuttrig und können mit einer Menge von 6 kg oft ausreichend gut ernährt werden. Schwerfuttrigen Pferden kann Heu ad libitum zur Verfügung gestellt werden, ohne Übergewicht befürchten zu müssen.

Bei leichtfuttrigen Tieren ist eine Legitimierung der Heuzufuhr teils sinnvoll, um Übergewicht zu vermeiden. Kann das Pferd ständig kleine Mengen an Raufutter aufnehmen, ist dies seiner Gesundheit zuträglich und zugleich ist es auch beschäftigt. Wird bei üppiger Zufuhr an Kraftfutter zu wenig Heu gefüttert, kommt es zu Dysbalancen im Verdauungstrakt des Pferdes, was zu schmerzhaften und lebensbedrohlichen Koliken führen kann.

Immer wieder trifft man auf verschmutzte Selbsttränker, die dem Pferd eine kaffeebraune Brühe offerieren. Außerdem passiert es hin und wieder, dass das Pferd in den Selbsttränker hineinmistet und somit solange keinen Zugang zu Wasser hat, bis jemand die Tränke säubert. Zuweilen ist es der Fall, dass Tränkvorrichtungen in vielen Ställen zu wenig oder teilweise gar nicht von den Stallbetreibern kontrolliert werden. Im Winter kommt es vor, dass die Tränken einfrieren.

viel Erfahrung mit Kolikproblematiken hat, die sich häufig aus Fütterungsfehlern ergeben. Ein Ratschlag von Dr. Uschi Barth kann hier auch hilfreich sein: Wer sicherstellen möchte, dass sein Pferd ausreichend Heu erhält, füttert so viel, dass das Pferd eine kleine Menge übrig lässt. Es ist zu bedenken, dass das Pferd von Natur aus nicht darauf ausgelegt ist,

11.3 Bewegung

Mehrmals wöchentlich ist eine ausreichende Bewegungsmöglichkeit wie freier Auslauf, sportliches Training oder eine vergleichbare Bewegungsmöglichkeit sicherzustellen. Besteht die Bewegungsmöglichkeit in freiem Auslauf, muss mindestens die zweifache Fläche wie für Einzelboxen gefordert vorhanden sein. (Gesamte Rechtsvorschrift für 1. Tierhaltungsverordnung, §6, Anlage 1, 2.2.4, Fassung vom 21.08.2012)

Grundsätzlich ist es zu begrüßen, dass der Gesetzgeber darauf eingeht, dass Pferde einen großen Bewegungsdrang haben. Dennoch wird von vielen kritisiert, dass sportliches Training als Bewegungsmöglichkeit ausreicht, denn somit ist es vom Gesetz her nicht verpflichtend, Pferden auf Koppeln oder Weiden freie Bewegungsmöglichkeiten zu bieten. "Gerade die nicht aussterbende Hinterwäldler-Fraktion ländlicher Gegenden ist es doch, die ihre Pferde zum Schutz der Grasnarbe im Frühherbst einstallt und erst im Mai wieder auf die Weiden entlässt." (Schmidt 2008, p.13)

Ein Auslauf, der die doppelte Fläche wie die Einzelboxen aufweist, ist für ein Pferd eigentlich keine ausreichende Bewegungsmöglichkeit.

---

hochenergetisches Futter wie Kraftfutter aufzunehmen. Deshalb ist es gesünder für ein Pferd, wenn es einen möglichst großen Teil der benötigten Energie aus ausreichend Raufutterzufuhr generieren kann.

Eisenstädter (2012, p.88) gibt als Orientierung an, dass pro Pferd circa ein halber Hektar als Weidefläche berechnet werden sollte. Dies entspricht in etwa dreiviertel eines Fußballfeldes. Auf ausreichend großen Flächen ist es dem Pferd möglich, auch mal einen flotten Galopp einzulegen und angestaute Energie – die vielfach durch die Boxenhaltung entsteht – durch energisches Beschleunigen und ein paar Bocksprünge loszuwerden. Dies ist dem Wohlbefinden des Pferdes sehr zuträglich.

> Pferde benötigen ein Höchstmaß an Raum und Flächen, um ihre Bedürfnisse nach freier, kontinuierlicher Bewegung, Sozialkontakten und so genanntem Komfortverhalten wie das Wälzen, Scheuern oder die Fellpflege ausreichend befriedigen und ausleben zu können. (Schmidt 2008, p.16)

Bezüglich Bewegungsmöglichkeiten ist noch anzumerken: In manchen Ställen gibt es Schrittmaschinen, in denen die Pferde im Schritt im Kreis oder Oval gehen. Diese sind als zusätzliche Bewegungsmöglichkeit zulässig, jedoch dürfen "keine stromführenden Treibhilfen" eingesetzt werden.

f) Führmaschinen
Führmaschinen, Laufbänder o. ä. dürfen das Bewegen oder Training durch den Tierlehrer nicht ersetzen, allenfalls ergänzen. Solche Hilfsmittel dürfen nur nach sorgfältiger Eingewöhnung der Pferde und nur unter wirksamer Aufsicht angewendet werden.

g) Unerlaubte Hilfsmittel und Manipulationen
Unerlaubt und tierschutzwidrig ist die Durchführung von Manipulationen oder die Anwendung von Hilfsmitteln durch die einem Pferd bei Ausbildung, Training und Nutzung ohne vernünftigen Grund Schmerzen zugefügt werden oder durch die Leiden oder Schäden entstehen können.
Darunter fallen z. B.
die Anwendung stromführender Hilfsmittel, wie Elektrotreiber, Elektroführmaschinen mit stromführenden Treibhilfen, stromführende Sporen, stromführende Peitschen, [...]. (Leitlinien für den Tierschutz im Pferdesport, 1992, p.12f)

Die Leitlinien für den Tierschutz im Pferdesport (1992, p.3) geben vor, dass der Halter eines Pferdes **täglich** für Bewegung des Pferdes sorgen muss:

"Unter naturnahen Bedingungen bewegen sich Pferde im Sozialverband zur Futteraufnahme bis zu 16 Stunden am Tag. Unter Haltungsbedingungen ist daher täglich für angemessene Bewegung zu sorgen."

11.4   Frischluftzufuhr

"In geschlossenen Ställen muss für einen dauernden und ausreichenden Luftwechsel gesorgt werden, ohne dass es im Tierbereich zu schädlichen Zuglufterscheinungen kommt."

(Gesamte Rechtsvorschrift für 1. Tierhaltungsverordnung, §6, Anlage 1, 2.3, Fassung vom 21.08.2012)

Zugluft ist ein häufiges Problem in Pferdeställen. Aber auch das Gegenteil – stehende Luft mit unzureichender Frischluftzufuhr – ist gelegentlich anzutreffen. Dabei sind Pferde ausgesprochene Frischluftfanatiker. Sie sind naturgemäß (bis zu einem gewissen Maß) resistent gegen Kälte, gegen Zugluft sind sie jedoch nicht gewappnet, denn diese entsteht in der freien Natur nicht. Besonders leicht können Pferde erkranken, wenn sie nass oder verschwitzt in einen Stall gestellt werden, wo Zugluft herrscht. Die Folge sind Erkältungen, Husten oder Lungenentzündungen, die zu einer beträchtlichen Schädigung oder zum Tod des Tieres führen können.

11.5 Licht

Pferde sind von ihrer Natur her, im Gegensatz zum Höhlenbewohner Mensch, Steppentiere. Sie sind also am liebsten im Freien und suchen nur bei Bedarf (zum Schutz vor Regen, Unwetter oder starker Sonneneinstrahlung) Unterstände (wie z.B. Wälder) auf. Daraus ergibt sich wiederum das Bedürfnis nach einer naturnahen Haltung von domestizierten Pferden. Um Pferden auch in geschlossenen Ställen ein Leben mit Tages- und Nachtrhythmus zu ermöglichen, wird vom Gesetzgeber Folgendes vorgeschrieben:

Steht den Tieren kein ständiger Zugang ins Freie zur Verfügung, müssen Ställe offene oder transparente Flächen, durch die Tageslicht einfallen kann, im Ausmaß von mindestens 3% der Stallbodenfläche aufweisen. Im Tierbereich des Stalles ist über mindestens acht Stunden pro Tag eine Lichtstärke von mindestens 40 Lux zu gewährleisten. (Gesamte Rechtsvorschrift für 1. Tierhaltungsverordnung, §6, Anlage 1, 2.4, Fassung vom 21.08.2012)

Da man sich schwer vorstellen kann, wie hell 40 Lux sind, sei hier ein Vergleich angeführt: Die normierte Beleuchtung für Flure in Gebäuden (am Arbeitsplatz) beträgt 50 Lux. Büros sollten mit 300 bis 500 Lux beleuchtet sein. (Quelle: DIN 5035, Teil 2 (Richtlinien für Arbeitsstätten), vgl. z.B. http://www.ledlumen.at/pdf_dateien/Richtwerte_Beleuchtungssta erke_DIN5035.pdf (aufgerufen am 24.05.2013))

11.6 Hufpflege

"Eine regelmäßige und fachgerechte Hufpflege ist sicherzustellen." (Gesamte Rechtsvorschrift für 1. Tierhaltungsverordnung, §6, Anlage 1, 2.7, Fassung vom 21.08.2012)

Zumindest in Deutschland ist es seit 2006 verboten, diese Hufpflege durch Beschlag bzw. Ausschneiden als ungeprüfter (Hufpflege)Laie durchzuführen. (vgl. Schmidt 2008, 148) Die

Hufpflege muss (dort) von einem geprüften Hufschmied bzw. Hufpfleger durchgeführt werden. Dafür gibt es gute Gründe, denn wird die Hufpflege nicht fachgemäß bewerkstelligt, kann dies für das Pferd gesundheitsschädlich sein.

Da sich die Hufe von domestizierten Pferden nicht durch Dahinziehen im Schritt gleichmäßig abreiben, ist eine regelmäßige Hufpflege für die Gesundheit von domestizierten Pferden essenziell. Schon so manche Pferde, die aus tierquälerischen Haltungen beschlagnahmt wurden, konnten kaum noch laufen, weil ihre Hufe durch Vernachlässigung in einem äußerst schlechten Zustand waren.

11.7 Betreuung

"Für die Betreuung der Tiere müssen genügend Betreuungspersonen vorhanden sein, die über die erforderliche Eignung sowie die erforderlichen Kenntnisse und beruflichen Fähigkeiten verfügen." (Gesamte Rechtsvorschrift für Tierschutzgesetz, § 14, Fassung vom 26.08.2012)

Pferde sind soziale Herdentiere, die durch Isolation großen Stress erleben. Dadurch, dass Pferde heutzutage zumeist domestiziert leben, ist ihnen das Ausleben der sozialen Bedürfnisse oft kaum noch oder in geringem Maße möglich. Viele Pferde (besonders wertvolle Sportpferde) werden stets separiert, um Verletzungen durch Schläge anderer Pferde zu vermeiden. Diese Separierung stellt für das Pferd möglicherweise einen Verlust an Lebensqualität dar. Sozialer Bezug kann zwar teilweise durch menschliche Betreuung des Pferdes übernommen werden, dennoch brauchen Pferde sozialen Kontakt zu Pferden, genauso wie Menschen sozialen Kontakt zu Menschen brauchen.

Gerade für ein Pferd, das in Boxenhaltung lebt, ist der Kontakt zu einer Bezugsperson, die es liebevoll behandelt, pflegt und beschäftigt, essentiell. Manche Pferdebesitzer vernachlässigen ihr Pferd aber derart, dass sie sich monatelang oder sogar jahrelang nicht im Pferdestall blicken lassen, obwohl ihr Pferd in einer Box isoliert ist. Teilweise steht ihr Pferd monatelang (besonders im Winter) durchgehend in der Box. Pferde, die derart vernachlässigt werden, starren gegen die Betonwände und drehen sich nicht mehr um, wenn jemand bei ihrer Box vorbeigeht, weil sie wissen, dass sie nicht gemeint sind. Eine derartige Behandlung eines Pferdes ist seiner unwürdig. Falls ich als Pferdebesitzer keine Zeit habe, es zu pflegen, liegt es in meiner Verantwortung, das Pferd entweder zu verkaufen, eine Person zu finden, die die Betreuung des Pferdes übernimmt oder das Pferd in einer Offenstallhaltung unterzubringen, wo es seinen Bedürfnissen nach Licht, Luft, Bewegung und sozialen Kontakten nachgehen kann.

(2) Ist der Halter eines Tieres nicht in der Lage, für eine diesem Bundesgesetz entsprechende Haltung des Tieres zu sorgen, so hat er es solchen Vereinigungen, Institutionen oder Personen zu übergeben, die Gewähr für eine diesem Bundesgesetz entsprechende Haltung bieten. (Gesamte Rechtsvorschrift für Tierschutzgesetz, § 12, Fassung vom 26.08.2012)

Pferde zeigen oft bemerkenswerte Resilienz, wenn sie unter nicht artgemäßen Bedingungen gehalten werden. Dennoch ist es keine Rechtfertigung für schlechte Haltung, dass die Pferde es eh aushalten.

> Das Pferd ist [...] nahezu vollständig vom menschlichen Denken und Handeln abhängig und erweist sich hierbei als enorm flexibel. Diese Anpassungsfähigkeit wurde und wird noch immer vom Menschen ausgenutzt, um Pferde aus Bequemlichkeit und/oder wirtschaftlichen Gründen unter zum Teil artwidrigen Bedingungen zu halten. (Schmidt 2008, p.8)

Es liegt in der Verantwortung des Pferdebesitzers, sein Pferd so zu halten bzw. in einen geeigneten Einstellbetrieb unterzubringen, dass es weitestgehend artgerecht leben kann und dass gegen keine Tierschutzbestimmungen verstoßen wird. Per Gesetz ist der Pferdehalter für das Wohl seines Pferdes verantwortlich. Im Tierschutzgesetz wird der Begriff 'Halter' wie folgt definiert: **"jene Person, die ständig oder vorübergehend für ein Tier verantwortlich ist oder ein Tier in ihrer Obhut hat [...]."**

(Gesamte Rechtsvorschrift für Tierschutzgesetz, §4/1, Fassung vom 27.08.2012)

Zu Recht kann man sich jetzt fragen, wer dann der Halter des Pferdes ist, wenn man es in einem Einstellbetrieb unterbringt. Grundsätzlich ist der Besitzer für sein Tier ständig verantwortlich. In einem Einstellbetrieb befindet es sich aber in der Obhut des dortigen Pflegepersonals. Die gesetzliche Definition von 'Halter' kann folglich auf mehr als eine Person gleichzeitig zutreffen. Somit könnte man sich vorstellen, dass im Falle eines Vergehens sowohl dem Betreiber des Einstellbetriebs als auch dem Besitzer – sofern er von den Verstößen gewusst hat – eine Teilschuld zukommt. Die größere Verantwortung lastet wahrscheinlich auf dem Pferdebesitzer, der sich vergewissern sollte, dass die Bedingungen im Einstellbetrieb gesetzeskonform sind. Wenn dies nicht der Fall ist, muss er reagieren, den Betreiber des Einstellbetriebs darauf hinweisen und sein Pferd gegebenenfalls in einem anderen Betrieb unterbringen.

Wer sich in Einstellbetrieben umschaut, wird feststellen, dass es beinahe keinen Betrieb gibt, in dem nicht (zumindest teilweise) gegen gewisse Vorgaben verstoßen wird. Deshalb obliegt es dem Pferdebesitzer, für sein Pferd eine Haltungsform zu wählen, die ihm möglichst entgegenkommt. In ländlichen Gegenden ist es manchmal möglich, sein Pferd zu günstigen Pensionspreisen einzustellen. Dabei ist jedoch zu beachten, dass eine gesetzeskonforme Pferdehaltung gezwungenermaßen gewisse Kosten mit sich bringt. Dies bedeutet, dass die Betreiber eines Einstellbetriebes äußerst günstige Pensionspreise nur dadurch anbieten können, dass an allen Ecken und Enden zu Lasten des Pferdes gespart wird. Dies betrifft Futter, Einstreu, Entmistung, Bewegung und Betreuung.

Fabian Scholz stellt Folgendes fest:

> Das Pferd ist ein Weidetier, das 12 Stunden am Tag im Schritt vor sich hinzieht und grast. So ernährt es sich ursprünglich. Heute bekommt es vielleicht dreimal täglich Futter, steht im Stall und sieht seine Artgenossen durch Gitterstäbe hindurch an. Im Grunde sind Pferde Gefangene. (Scholz 2007, p.13)

Romo Schmidt würde dem wahrscheinlich nicht widersprechen. Er weist besonders auf die Pflicht des Pferdehalters hin, für eine möglichst artgemäße Pferdehaltung Sorge zu tragen.

> Zwar werden also domestizierte Pferde auch in Zukunft ein fremdbestimmtes, nicht-authentisches Leben führen, doch das Bemühen, dem naturgetreuen Lebensraum des Pferdes so nahe wie möglich zu kommen, sollte die erste Pflicht eines jeden verantwortungsbewussten Pferdehalters sein. (Schmidt 2008, p.8)

12   Mit Pferden Geld verdienen

Da viele Menschen an Pferden Gefallen finden, sie reiten
(und/oder fahren), besitzen und halten, und bereit sind, dafür
(viel) Geld auszugeben, floriert die Wirtschaft rund ums Pferd.

> Drei bis vier Pferde ergeben einen Arbeitsplatz, das
> hat eine wissenschaftliche Studie errechnet. Danach
> verdienen in Deutschland mehr als 300000 Menschen
> ihren Lebensunterhalt direkt oder indirekt durch Pferd
> und Pferdesport, davon zwischen 7000 und 10000
> durch Reitunterricht sowie Ausbildung von Reiter
> und Pferd. (Heuschmann 2011, p.22)

Des Öfteren ist es leider der Fall, dass sich mit dem
"Wirtschaftsfaktor Pferd" mehr Geld verdienen lässt, wenn man
die Interessen der Pferde wenig beachtet. Inwieweit die
Interessen der Pferde berücksichtigt werden, hängt vom
Menschen ab. Scholz (2007, p.7) betont, dass die hier
involvierten Menschen "ihr Handeln an dem Wohlergehen des
Pferdes orientieren" sollen: "Für den Züchter und Pferdehalter,
besonders den Leistungssportler, gilt es darauf zu achten, sein
Handeln an dem Wohlergehen des Pferdes zu orientieren und
sich nicht auf dessen Kosten in eine wirtschaftliche Abhängigkeit
zu begeben."

> Gesundheitsvorsorge und Gesunderhaltung müssen
> für jeden im Umgang mit dem Pferd absolute Priorität
> haben. Diese Aufgabe richtet sich zunächst an den

Züchter, der durch Haltung und Aufzucht des Fohlens den Grundstein dafür legt, dass das Pferd physisch und psychisch gesund heranwachsen kann. Denn nur ein gut ausgebildetes und gesundes Pferd kann den Anforderungen im Turnier- und Breitensport gerecht werden. Auch hier müssen wirtschaftliche Interessen außen vor bleiben und das Streben nach Erfolg muss sekundär sein. (Scholz 2007, p.8)

Viele Menschen, die mit Pferden Geld verdienen wollen, sind mit einem Konflikt aus Wirtschaftlichkeit und moralischen Grundsätzen konfrontiert. Bei jenen, die der Wirtschaftlichkeit den Vorzug einräumen, kommt es fortwährend zu groben Verstößen gegen den Tierschutz, gegen die Ethischen Grundsätze des Pferdefreundes und oft bewegen sie sich rein rechtlich mehr oder weniger im kriminellen anstatt im legalen Bereich. Menschen, denen es nichts ausmacht, Pferde auszunutzen, schlecht zu behandeln und zu halten, sind häufig auch solche, die andere Menschen zugunsten wirtschaftlicher Interessen über den Tisch ziehen. Deshalb gibt es in diesem Bereich ethische Missstände, die nicht in den Bereich der Tierethik fallen. Hier geht es primär um Betrügereien und Korruption unter Menschen. Dort, wo es (möglicherweise) um relativ viel Geld geht und/oder die Menschen selbst wirtschaftlich straucheln, sind ihre Hemmungen, betrügerische und/oder moralisch schlechte Handlungen auszuführen, herabgesetzt. In diesem Metier muss man leider fast feststellen, dass der folgende Leitsatz gilt: Traue keinem außer dir selbst!

12.1 Pferdehandel

Zum einen gibt es gewissenlose Pferdehändler, für die weder das Schicksal des Pferdes noch des zukünftigen Besitzers von Bedeutung ist, solange das Geld stimmt. Ihr Ziel ist es, Verkaufspferde möglichst profitabel an den Mann respektive die Frau zu bringen, wobei der tatsächliche Wert des Pferdes keine Rolle spielt. Da viele (zukünftige) Pferdebesitzer zu wenig Erfahrung und Wissen aus diesem Bereich mitbringen, ist es dem skrupellosen Pferdehändler ein Leichtes, diese zu betrügen. Um ihre Geschäfte abzusichern, lassen sich manche Pferdehändler Knebelverträge unterschreiben, in denen eine Gewährleistung ausgeschlossen wird. Dies entspricht nicht den momentanen rechtlichen Vorschriften in Österreich (vgl. §9 KschG (Konsumentenschutzgesetz)) und somit ist eine derartige Klausel ungültig, wird aber dazu benutzt, unerfahrene Kunden davon abzuhalten, rechtlich gegen die Verkäufer vorzugehen. Außerdem werden manchmal Scheinverträge aufgesetzt, bei denen andere Personen als der Pferdehändler als Vertragspartner (teils auch aus dem Ausland, um die rechtliche Situation erneut zu erschweren) angeführt werden, um die Gewährleistung zu umgehen. Leider ist es so, dass die Pferdehändler mit dieser Vorgehensweise erfolgreich sind, da etwaige Klagen gegen derartige Betrügereien meist abgelehnt werden.

Daraus folgt, dass man beim Pferdekauf extrem aufpassen muss. Man sollte sich bewusst sein, dass man dabei mit teils kriminellen Menschen Geschäfte abschließt, die einem das Geld aus der Tasche ziehen wollen. Damit rechnet man als Normalverbraucher nicht, in der Realität ist dies aber leider der Fall. Deshalb wird empfohlen, sich bestenfalls von Pferdehändlern fernzuhalten und Pferde direkt bei Gestüten, Züchtern oder privat einzukaufen. Dann landet das ausgegebene Geld auch bei denen, die das Pferd tatsächlich gezüchtet und aufgezogen haben und die Preise sind tendenziell eher dem tatsächlichen Wert des Pferdes angepasst. Wenn man über einen Mittelsmann ein Pferd einkauft, ist es oft der Fall, dass seine Gewinnspanne sehr hoch ist, wobei die Züchter bzw. ursprünglichen Besitzer einen verschwindend kleinen Teil erhalten. Auch wenn man ein Pferd von einer Privatperson einkauft, sollte man sich immer fragen, warum derjenige das Pferd hergeben will. Oft sind davor schon gewisse Probleme aufgetreten, die gerne verschwiegen werden, aber in Wirklichkeit der echte Grund für den Verkauf sind.

12.2 Trainer (als Berater beim Pferdekauf)

Wenn man ein Verkaufspferd besichtigt, ist es ratsam, eine Person, die über Fachwissen in diesem Bereich verfügt, zu dem Besichtigungstermin mitzunehmen. Diese Person kann einen in Fragen der Adäquatheit des Kaufpreises oder der generellen Eignung des Pferdes für den beabsichtigten Zweck beraten. Oft ist dies der Trainer des Reiters, der ein Pferd erwerben will. Hier muss man erneut gewaltig aufpassen, dass man nicht Opfer eines Trainers wird, der mit dem Verkäufer gemeinsame Sache macht und dann erhebliche Summen an Provision kassiert. Wenn der Verkäufer dem Trainer eine ansprechend hohe Provision in Aussicht stellt, ist es bei einem korrupten Trainer gut möglich, dass er seinem Schüler alles Mögliche erzählt, sodass dieser das besichtigte Pferd um den (stark überhöhten) Preis kauft, da er ja auf den Rat seines Trainers – der für ihn eine Vertrauensperson ist – hört. Hierbei ist für den Trainer das zukünftige Schicksal des Schülers zweitrangig, um nicht zu sagen, dass es ihm eigentlich egal ist. Wer sich nun denkt, dass sein Trainer sicher nicht einer von dieser Sorte ist, dem sei gesagt, dass diese Praxis äußerst gängig ist. Ausnahmen mag es zwar geben, aber dennoch ist höchste Vorsicht geboten.

12.3 Tierärzte

Auch bei Tierärzten sollte man vorsichtig sein. Erstens sind tierärztliche Behandlungen und die dadurch entstehenden (angemessenen) Kosten für den Laien oft nicht nachvollziehbar. Dies öffnet Tür und Tor für betrügerisches Handeln, bei dem unverhältnismäßige Beträge von den Kunden kassiert, Behandlungen ohne Indikation durchgeführt werden usw. Manchmal sind es auch Tierärzte, die mit Pferden handeln. Im Endeffekt können sie dem Laien Beliebiges erzählen. Sie können dem Käufer irgendwelche Röntgenbilder vorlegen, die dieser ohnedies nicht interpretieren kann. Außerdem haben sie die Möglichkeit, Pferde mit Problemen medizinisch so herzurichten, dass ihr(e) Problem(e) für den Zeitraum des Verkaufs nicht ersichtlich ist/sind. Wenn das Pferd dann zu lahmen beginnt, kann man immer noch behaupten, dass der neue Besitzer an der Lahmheit Schuld ist. Verabsäumt der Besitzer es, innerhalb des ersten halben Jahres Gewährleistung zu fordern, geht die Beweislast vom Verkäufer auf den Käufer über. Er muss somit beweisen, dass das Pferd dieses und jenes Problem schon vor dem Kauf gehabt hat. Dies gestaltet sich oft als äußerst schwierig bis kaum möglich.

Als Laie muss man sich auf den Rat des Tierarztes verlassen, da man selbst normalerweise eingeschränkte veterinärmedizinische Fachkenntnis besitzt. Diese Tatsache kann von ruchlosen Personen leicht ausgenutzt werden. Darüber hinaus sind auch Tierärzte nur Menschen und nicht unfehlbar. Aus diesen Gründen ist es ratsam, skeptisch zu bleiben und im Zweifel mehrere Meinungen einzuholen. Tut man dies, wird man feststellen, dass sich die unterschiedlichsten Diagnosen, Prognosen und Behandlungsansätze ergeben. Gerade bei diffizilen Problematiken zahlt es sich erfahrungsgemäß auf jeden Fall aus, die besten Fachtierärzte zu konsultieren, um gesundheitliche Probleme möglichst rasch richtig erkennen, einschätzen und behandeln zu können. Hochwertige tierärztliche Behandlung hat zweifelsohne ihren Preis. Um nicht anschließend eine (scheinbar) unverschämte Rechnung präsentiert zu bekommen, ist eindeutig zu empfehlen, sich vor der Visite und Behandlung über die entstehenden Kosten zu informieren.

12.4 Profireiter

Auch Profireitern fällt es nicht leicht, vom Reitsport zu leben. Von Preisgeldern kann kaum einer leben, da es sie sehr selten gibt, und wenn es sie gibt, dann in Sphären, in die man ohne kaufkräftige Sponsoren ohnehin nicht vordringen kann. Viele Profireiter verdienen darum ihr Geld auch besonders durch den Pferdehandel. Hier gelten dieselben Warnungen und Missstände wie bei Pferdehändlern, Trainern und Tierärzten. Gerne arbeiten die Profireiter mit befreundeten Veterinären zusammen, die ihnen im Zweifelsfall belegen, dass das verkaufte Pferd vor dem Verkauf untersucht und für gesund befunden wurde. Auch Röntgenbilder werden problemlos vorgelegt. Für den Käufer ist jedoch nicht überprüfbar, ob diese Untersuchungen tatsächlich stattgefunden haben. Um derartige Probleme zu vermeiden, ist eine detaillierte Ankaufsuntersuchung vor dem Kauf dringend anzuraten.

12.5 Schulbetriebe

Vielen, die darüber nachdenken, Reitschulen zu eröffnen, wird bewusst, dass dies kaum möglich ist, wenn man dem Wohlergehen des Pferdes die höchste Priorität einräumen will. Es ist schwierig, den Betrieb überhaupt kostendeckend zu führen. Will man davon leben, wird es noch einmal schwieriger. Je mehr man verdienen will, desto mehr muss man die Pferde ausbeuten. Da es genug Menschen gibt, denen das nichts ausmacht, läuft das Geschäft.

Aus dieser Tatsache ergibt es sich, dass die Zustände in vielen Schulbetrieben aus tierethischer Sicht untragbar sind. Die eingesetzten Pferde werden schlecht gehalten, kaum gepflegt, schlecht ernährt, schlecht behandelt und etliche Verstöße gegen den Tierschutz oder Tatbestände der Tierquälerei sind an der Tagesordnung. Die Schulpferde drehen täglich stundenlang ihre monotonen Runden in der Halle. Manche von ihnen gehen lahm. Selbst Pferde, die kaum aus der Box gehen können, werden eingesetzt, solange bis sie wirklich nicht mehr können. Dann gehen sie zum Schlachter.

"[...] Dabei sollte die Arbeitsbelastung in einem angemessenen Verhältnis zur Leistungsfähigkeit des Tieres stehen. Kranke oder sonst beeinträchtigte Tiere dürfen zur Arbeit nicht herangezogen werden. [...]" (Gesamte Rechtsvorschrift für 1. Tierhaltungsverordnung, §6, Anlage 1, 2.7, Fassung vom 19.08.2012)

In manchen Betrieben sind die Pferde so mager, dass ihre Knochen hervortreten. Manchmal werden den Schulpferden unpassende Sättel aufgelegt, die offene Wunden (z.B. am

Widerrist) verursachen können. Durch die Benutzung von unpassenden Sätteln wird eine Schädigung der Schulpferde in Kauf genommen, die mit Schmerzen für die betroffenen Pferde einhergeht. Eine derartige Behandlung der eingesetzten Pferde ist eindeutig gesetzeswidrig.

Es ist sicherzustellen, dass die Anbindevorrichtungen und Ausrüstungsgegenstände, wie zB Geschirre, Zaumzeuge, Zügel, Gebisse oder Sattel, die Tiere nicht verletzen können und ein ungehindertes Fressen und Misten ermöglichen. Diese Einrichtungen sind regelmäßig auf ihren Sitz zu überprüfen und den Körpermaßen der Tiere anzupassen. (Gesamte Rechtsvorschrift für 1. Tierhaltungsverordnung, §6, Anlage 1, 2.7, Fassung vom 19.08.2012)

In manchen Ställen wird das Kraftfutter für die Schulpferde aus Kostengründen durch Reste aus Bäckereien ersetzt. Die Pferde erhalten die übriggebliebenen Backwaren, darunter z.B. auch Brötchen mit Knoblauchbutter. Es handelt sich dabei um weiche, relativ frische Produkte, die für Pferde eine Kolikgefahr darstellen.

"Den Tieren ist das der Leistung entsprechende Kraftfutter und mindestens drei Mal täglich Raufutter zur Verfügung zu stellen, sofern keine Möglichkeit zu freier Aufnahme

besteht." (Gesamte Rechtsvorschrift für 1. Tierhaltungsverordnung, §6, Anlage 1, 2.6, Fassung vom 19.08.2012)

Die abstumpfende Arbeit, die gleichgültige Behandlung und schlechte Pflege verursachen bei betroffenen Schulpferden Veränderungen in der Psyche, die irreversibel sein können. Die Pferde beginnen, sich in sich selbst zurückzuziehen. Sie schauen einen nicht mehr an. Es kann angenommen werden, dass es sich dabei um einen Schutzmechanismus der Psyche des Pferdes handelt. Somit wird ein Pferd durch eine derartige Benutzung nachhaltig geschädigt.

(1) Es ist verboten, einem Tier ungerechtfertigt Schmerzen, Leiden oder Schäden zuzufügen oder es in schwere Angst zu versetzen.

(2) Gegen Abs. 1 verstößt insbesondere, wer [...]

9. einem Tier Leistungen abverlangt, sofern damit offensichtlich Schmerzen, Leiden, Schäden oder schwere Angst für das Tier verbunden sind; [...]

13. die Unterbringung, Ernährung und Betreuung eines von ihm gehaltenen Tieres in einer Weise vernachlässigt, dass für das Tier Schmerzen, Leiden oder Schäden verbunden sind oder es in schwere Angst versetzt wird; [...].

(Gesamte Rechtsvorschrift für Tierschutzgesetz, §5, Fassung vom 19.08.2012)

Zusammenfassend kann subsummiert werden, dass Menschen, die mit Pferden Geld verdienen (wollen), unvermeidlich mit Interessenskonflikten konfrontiert sind. Leider werden die Interessen der involvierten Pferde des Öfteren (viel) zu wenig berücksichtigt.

Die Tatsache, dass Korruption und Betrug immer wieder in dieser Domäne anzutreffen sind, zeigt, dass manche Menschen dem Profit größere Wichtigkeit als Werten wie Ehrlichkeit, Aufrichtigkeit und Fairness einräumen. Ethisch gesollt wäre es, gesetzt den Fall, dass sich mit Pferden nicht (oder nur teilweise) aufrichtig und unter Einhaltung ethischer Anforderungen Geld verdienen lässt, eine andere (aufrichtige und ethisch unproblematische) Einnahmequelle zu finden und sich mit Pferden in seiner Freizeit zu beschäftigen.

13 Tötung und Euthanasie; Ein Recht auf (altersbedingtes) Leiden und Dysfunktionalität

1. Wer auch immer sich mit dem Pferd beschäftigt, übernimmt die Verantwortung für das ihm anvertraute Lebewesen.

[...]

3. Der physischen wie psychischen Gesundheit des Pferdes ist unabhängig von seiner Nutzung oberste Bedeutung einzuräumen.

4. Der Mensch hat jedes Pferd gleich zu achten, unabhängig von dessen Rasse, Alter und Geschlecht sowie Einsatz in Zucht, Freizeit oder Sport.

[...]

9. Die Verantwortung des Menschen für das ihm anvertraute Pferd erstreckt sich auch auf das Lebensende des Pferdes. Dieser Verantwortung muss der Mensch stets im Sinne des Pferdes gerecht werden.

(Aus: Die Ethischen Grundsätze, ÖTO 2011, p.3)

Einer großen Anzahl von Pferden, die so wie wir Menschen an ihrem Leben hängen, wird es nicht zugestanden, zu altern oder gar erwachsen zu werden. Anderen, die das Glück hatten, dass sie bis zu einem gewissen Alter leben durften, wird spätestens dann der Garaus gemacht, wenn sie gebrechlich werden, denn sie sollen ja nicht leiden müssen. Worum es hier auch sehr wohl geht, ist, dass wir es ihnen nicht erlauben zu leiden. Gebrechlichkeit wird sozusagen zum Privileg, das manchen Tieren zugestanden wird, sehr vielen aber nicht. Es mutet speziesistisch an, dem armen alten Kater nicht zu erlauben zu leiden, unsere Oma aber, die kaum noch einige hundert Meter gehen kann wegen ihrer Lunge und wegen ihrer Hüfte sowieso nicht, hat ein Recht auf gesundheitliche Dysfunktionalität. Dahinter steht unser Wertesystem, das es erlaubt, tierisches Leben zu nehmen, uns aber fordert, menschliches Leben wertzuschätzen. In unserer Gesellschaft haben Tiere generell kein Recht auf Leben und schon gar nicht auf (altersbedingtes) Leiden und Dysfunktionalität.

Menschen haben die Macht, über Tiere existenzielle Entscheidungen zu treffen. Wir können sie nicht fragen, aber wir können uns in sie hineinversetzen und uns vorstellen, was wir an ihrer Stelle wollen würden.

"Denn die goldene Regel, diese gigantische ethische Weltformel, sagt uns nicht nur, wie wir uns gegenüber unseren Mitmenschen verhalten sollen, sondern auch, wie wir uns gegenüber Tieren verhalten sollen." (Kaplan 2007, p.83)

Wenn ich krank bin, würde ich mir wünschen, dass ich medizinische Behandlung erhalte und meine Schmerzen gelindert werden. Besonders wichtig wäre für mich, dass man mir die Chance gibt, wieder gesund zu werden, auch wenn ich eine schlimme Krankheit habe. Selbst wenn ich durch einen Unfall oder eine Krankheit zu einem gewissen Grad dysfunktional bin, würde ich mich freuen, wenn ich trotz Dysfunktionalität ein Recht auf mein Leben hätte. Der alte Kater oder das lahme Pferd würden nicht wünschen, dass sie wegen ihrer Gebrechlichkeit oder Dysfunktionalität eingeschläfert oder erschossen werden. Es ist uns allen gemeinsam, dass wir einen unglaublich großen Überlebenswillen haben. Angefangen vom Löwenzahn, der in einer Ritze im Asphalt blüht, über die Biene, die im Bierglas um ihr Leben strampelt, bis zu dem Schwein, das sein kurzes Leben lang weder Sonnenlicht noch Frischluft kennt, solange, bis es zum Transport in den Schlachthof verladen wird – wir alle wollen leben. Und wir wollen krank sein dürfen. Und wir wollen alt sein dürfen. Und wir wollen dysfunktional sein dürfen.

Ein Recht auf ein Leben (auch im Alter) sollte all jenen zugestanden werden, die ein Interesse am eigenen Überleben haben. Menschen dürfen leiden, krank sein, sie dürfen arbeitsunfähig sein. Ein Mensch wird von uns Menschen zumeist als wertvoll genug angesehen, um auch im dysfunktionalen Zustand eine Daseinsberechtigung zu haben. Dies ist gut und wertvoll. Es wäre schön, wenn wir auch nicht-menschliche Lebewesen mit demselben Interesse am eigenen Überleben so respektieren könnten, dass ihnen diese Privilegien auch zugestanden werden. Selbst wenn man nach dem Tod nicht mehr leidet – da man ja nicht mehr leiden kann – ist dies kein ausreichender Grund, um zu rechtfertigen, dass man das Tier um sein Leben bringt. Für die meisten Pferde, die getötet bzw. euthanasiert werden, ist diese Entscheidung nicht in ihrem Sinne. Somit wird en gros nicht entsprechend der Ethischen Grundsätze des Pferdefreundes – allem voran Punkt 9 – gehandelt. Auch gegen Punkt 3 dieser Grundsätze wird insbesondere dann verstoßen, wenn die Gesundheit des Pferdes ausreichend gegeben ist, um ihm ein gutes Leben ohne Belastung durch Einsatz für den Menschen zu ermöglichen. Durch die Tötung des Pferdes wird dessen Gesundheit vernichtet. Durch diese Vernichtung wird der Gesundheit des Pferdes keinesfalls höchste Priorität gegenüber dessen Nutzung gewährt. Finanzielle Interessen des Menschen werden hier zur höchsten Priorität.

Bereits wenn man ein Pferd erwirbt, sollte man im Hinterkopf behalten, dass es durch Unfälle oder Krankheit schnell dazu kommen kann, dass das Pferd aufgrund mangelnder Gesundheit nicht mehr für den vorgesehenen Zweck eingesetzt werden kann. So kann man sich schon im Vorhinein für den Ernstfall vorbereiten. Selbst wenn das Pferd lange gesund bleibt, wird es irgendwann einmal zu alt, um es z.B. sportlich zu belasten. Wenn es dann darum geht, Entscheidungen über das weitere Schicksal des Tieres zu treffen, lässt der Gesetzgeber dem Pferdebesitzer freie Hand. Er gibt lediglich vor, dass es Unrecht ist, ein Tier ohne vernünftigen Grund zu töten. Was alles ein "vernünftiger Grund" ist, wird allerdings nicht weiter ausgeführt. Zweifelsohne ist die Schlachtung von Pferden zur Fleischgewinnung ein vernünftiger Grund. Somit kann jedes Pferd geschlachtet werden, auch wenn es ganz gesund ist. Der Amtstierarzt ist laut Gesetz unter bestimmten Umständen dazu berechtigt (und ggf. sogar verpflichtet (!)), ein Tier ohne Einwilligung des Besitzers einzuschläfern. Dies ist dann der Fall, wenn ein weiteres Am-Leben-Lassen des Tieres Tierquälerei wäre.

(1) Die Organe der Behörde sind verpflichtet,

1. **wahrgenommene Verstöße gegen §§ 5 bis 7** *(diese Paragraphen behandeln das Verbot gegen Tierquälerei, das Verbot der Tötung und das Verbot von Eingriffen an Tieren; Anm. D.S.)* **durch unmittelbare behördliche Befehls- und Zwangsgewalt zu beenden;**

2. **ein Tier, das in einem Zustand vorgefunden wird, der erwarten lässt, dass das Tier ohne unverzügliche Abhilfe Schmerzen, Leiden, Schäden oder schwere Angst erleiden wird, dem Halter abzunehmen, wenn dieser nicht willens oder in der Lage ist, Abhilfe zu schaffen.**

(2) Wenn dies für das Wohlbefinden des Tieres erforderlich ist, können Organe der Behörde Personen, die gegen §§ 5 bis 7 verstoßen, das betreffende Tier abnehmen. Die Organe der Behörde sind berechtigt, bei Tieren, für die das Weiterleben mit nicht behebbaren Qualen verbunden ist, für eine schmerzlose Tötung zu

sorgen. (Gesamte Rechtsvorschrift für Tierschutzgesetz, § 37, Fassung vom 27.08.2012)

Sein Pferd durch einen Tierarzt einschläfern zu lassen ist im Endeffekt neben der Schlachtung auch immer eine Möglichkeit. In der Praxis ist es so, dass man ein Tier auch ohne (zwingende) Indikation einschläfern lassen kann. Es ist dem Tierarzt nur verboten, ein Tier "ohne vernünftigen Grund" zu töten. Tierärzte sagen, dass wenn sie es nicht tun, die Kunden zu anderen Tierärzten gehen und dort ihr Geld lassen. Außerdem scheint es "vernünftig", ein Tier, das ansonsten geschlachtet werden würde, einen vermeintlich schöneren Tod sterben zu lassen. Das Pferd kann beim Einschläfern durch den Tierarzt in gewohnter Umgebung getötet werden. Durch eine Vollnarkose kann das Bewusstsein des Tieres ausgeschaltet werden, bevor es getötet wird. In Österreich wird grundsätzlich ein Tötungsmittel namens "T 61" verwendet. T 61 darf nur bei narkotisierten Tieren angewendet werden, da es zum Tod durch Ersticken führt. Dies kann im bewussten Zustand einen qualvollen Tod bedeuten, wobei sich der Todeskampf über Stunden hinziehen kann. Manchmal kommt es bei der Euthanasie durch T 61 zu Komplikationen, bei denen Pferde am Boden liegen und um ihr Leben galoppieren. Komplikationen sind aber auch bei der konventionellen Schlachtung, die normalerweise durch Schuss mit dem Bolzenapperat ins Gehirn und anschließendem Kehlschnitt bzw. Stich ins Herz geschieht, nicht ausgeschlossen.

Der Einsatz von T 61® unter Tierschutzgesichtspunkten

T 61® ist ein Kombinationspräparat, dessen Wirkstoffe Embutramid, Tetracain und Mebenzonium sind. Embutramid ist ein Hypnotikum oder Allgemeinanästhetikum und erzeugt eine tiefe Narkose und Paralyse des Hirnstammes. Tetracain ist ein Lokalanästhetikum und soll schmerzhafte Reaktionen, insbesondere bei pulmonaler Gabe verhindern. Intravenös wirkt Tetracain dosisabhängig, zunächst zentral erregend, dann kardial depressiv und schließlich zentral depressiv. Mebenzonium bewirkt als Muskelrelaxans an der neuromuskulären Endplatte curareartig eine Dauerdepolarisation. In Abhängigkeit der Dosis werden zunächst die Gliedmaßen-, dann die Rumpf und die Atemmuskulatur gelähmt. Es besteht daher die Gefahr, dass das Pferd erstickt. Das Muskelrelaxans kann starke Abwehrbewegungen des Tieres verhindern, so dass der qualvolle Erstickungstod für den Betrachter nicht zwangsläufig erkennbar ist. Der Tod durch T 61® tritt infolge zerebraler Depression, Kreislaufkollaps und Asphyxie ein.

Tiere, die bei Bewusstsein sind, können auf die Applikation von T 61® mit Erstickungsanfällen, Angst, Schmerzen, starkem Unbehagen, qualvollen Lautäußerungen und Exzitationen reagieren, insbesondere unter ungünstigen Resorptionsbedingungen (moribunde Tiere, zu schnelle Injektion, Applikationsfehler, pulmonale Gabe). Auch ein gelegentlich verzögerter Herzstillstand kann beobachtet werden.

Die alleinige Anwendung von T 61® zur Euthanasie von Pferden verbietet schon das Tierschutzgesetz. Die beschriebenen Nebenwirkungen zeigen, dass T 61® nur in Kombination einer vorherigen Narkose (Sedierung ist hierbei nicht ausreichend), unter streng

intravenöser (Braunüle) zügiger, aber nicht zu schneller Applikation erfolgen kann. Eine Unterdosierung ist dabei unbedingt zu vermeiden.
(Merkblatt Nr. 109 "Tierschutzaspekte bei der Euthanasie von Pferden", 2007, p.3 [Hervorhebung wie im Original])

In Deutschland werden auch die Mittel "Eutha 77" oder "Esconarkon" zur Euthanasie von Pferden verwendet, die zu einer starken Ermüdung, zum Einschlafen und anschließend zum Herzstillstand führen. Der Tod durch Herzstillstand scheint für viele humaner als der Tod durch Ersticken.

Empfehlung für die tierschutzgerechte Euthanasie von Pferden

Beim Pferd ist Pentobarbital (Eutha ® 77 oder Release ® ad us. vet.) das Mittel der Wahl. Dabei handelt es sich um ein starkes Narkosemittel, das nur für die Euthanasie vorgesehen ist und nicht zu anderen Narkosezwecken eingesetzt werden darf. Die Tiere fallen schnell in einen tiefen Schlaf, der rasch, schmerz- und reflexlos und ohne Exzitationen in den Tod durch Herz- und Atemstillstand übergeht. Eine vorherige Sedierung des Pferdes ist insbesondere bei nervösen und aufgeregten Tieren zu empfehlen.
Die Applikation sollte über eine großlumige Verweilkanüle in die Vena jugularis erfolgen. Pentobarbital ist zügig ohne Unterbrechung zu injizieren. Durch den schnellen Wirkungseintritt kann es bei stehenden Pferden zu einem spontanen Zusammenbrechen der Tiere kommen. Auf diese Situation sollte man Pferdebesitzer oder andere beiwohnende Personen vorher entsprechend vorbereiten.

(Merkblatt Nr. 109 "Tierschutzaspekte bei der Euthanasie von Pferden", 2007, p.3f [Hervorhebung wie im Original])

Der Besitzer muss sich entscheiden, ob er dem Pferd, das nicht mehr eingesetzt werden kann, das Gnadenbrot ermöglicht. Will er dies aus verschiedenen Gründen nicht, kann er das Pferd einschläfern oder schlachten lassen. So werden viele Sportpferde, die verschlissen und kaputt sind, schon in ihrer Adoleszenz getötet. Dies ist ein Umgang mit dem Lebewesen Pferd, der unterstreicht, dass der Besitzer es als Sportgerät benutzt hat und es auch wie ein solches entsorgt, wenn es kaputt ist. Die meisten der "kaputten" Pferde könnten ohne Probleme ein artgemäßes, gutes Leben führen, da sie sich z.B. in einer Offenstallhaltung nur soviel bewegen, wie sie möchten und ohne Belastung meist auch schmerzfrei sind.

> Die Einschätzung, ob und wann ein Pferd [...] "erlöst" werden muss, muss fachkundig und verantwortungsbewusst abgewogen werden. In diese Entscheidung darf nicht einfließen, ob das Pferd beispielsweise für den Einsatz im Sport untauglich geworden ist, da daraus nicht auf eine allgemeine "Lebensuntauglichkeit" geschlossen werden kann. (Scholz 2007, p.11)

Es ist abermals das liebe Geld und die menschliche Gier darauf, die Pferde um ihr Leben bringen. Pferde, die unbelastet schmerzfrei leben könnten oder die (gute) Chancen auf Heilung hätten, werden eingeschläfert, um ansprechende Summen von der Versicherung zu kassieren. Pferdebesitzer belügen sich und andere, indem sie Gründe für die Tötung vorschieben, die eine solche ohnehin nicht rechtfertigen. Die wahren Gründe, nämlich, dass man die Lebenserhaltungskosten für das Pferd, das man nicht mehr braucht, an dem man kein Interesse mehr hat oder das nicht mehr sportlich belastet werden kann, nicht mehr zahlen will, werden meist nicht ausgesprochen. Es geht darum, das arme Tier von seinem Leid zu erlösen und sich selbst von der Bürde, sich um das eingesperrte Tier kümmern zu müssen und finanziell dafür aufkommen zu müssen.

Deshalb sollte man sich, wenn man ein Pferd kauft, schon vorher überlegen, wie man vorgehen will, wenn das Pferd einmal nicht mehr einsetzbar ist. Wenn man auch dysfunktionalen Pferden ein Recht auf ihr Leben einräumen will, sollte man im Vorhinein überlegen, für wieviele Pferde man dies mit seinen finanziellen Möglichkeiten gewährleisten kann.

Da die finanziellen Möglichkeiten der meisten Pferdebesitzer begrenzt sind, stehen oft zwei Interessen des Pferdebesitzers in einem konkurrierenden und sich wechselseitig ausschließendem Verhältnis zueinander. Wenn man dem pensionierten Pferd einen Lebensabend finanzieren will, kann man sich kein weiteres Pferd leisten, um zu reiten. Wenn man sich ein Pferd leistet, mit dem man seinem Hobby bzw. seiner Passion wieder nachgehen kann, kann der Lebensabend für das Pensionspferd nicht mehr finanziert werden. Je nachdem, welche

Entscheidung der Reiter in dieser Situation trifft, zeigt sich, ob er sein Pferd liebt oder es nur benutzt.

Es ist eigentlich klar, dass die Tötung der allermeisten Pferde nicht in ihrem Sinne geschieht und dem Schutz ihres Lebens widerspricht. Die Tötung von Tieren aus vernünftigen Gründen ist per Gesetz erlaubt.

1. Hauptstück
Allgemeine Bestimmungen
Zielsetzung

§ 1. Ziel dieses Bundesgesetzes ist der Schutz des Lebens und des Wohlbefindens der Tiere aus der besonderen Verantwortung des Menschen für das Tier als Mitgeschöpf.

[...]

Verbot der Tötung

§ 6. (1) Es ist verboten, Tiere ohne vernünftigen Grund zu töten. (Gesamte Rechtsvorschrift für Tierschutzgesetz, Fassung vom 26.08.2012)

Der Verzehr von Fleisch und die Verwendung von tierischen Produkten, die durch Schlachtung gewonnen werden, ist ein Grundübel, durch das tierisches Leben zweifelsohne nicht geschützt, sondern vernichtet wird.

Die Ethischen Grundsätze des Pferdefreundes geben erstens an, dass es geboten ist, dass der Mensch Verantwortung für das ihm anvertraute Pferd übernimmt und neuntens, dass es außerdem geboten ist, dass der Mensch "stets im Sinne des Pferdes" über dessen Lebensende entscheidet.

1. **Wer auch immer sich mit dem Pferd beschäftigt, übernimmt die Verantwortung für das ihm anvertraute Lebewesen.**

[...]

9. **Die Verantwortung des Menschen für das ihm anvertraute Pferd erstreckt sich auch auf das Lebensende des Pferdes. Dieser Verantwortung muss der Mensch stets im Sinne des Pferdes gerecht werden. (Aus: Die Ethischen Grundsätze (ÖTO 2011, p.3))**

Es ist dennoch vom Gesetz her erlaubt, Pferde zur Fleischgewinnung zu schlachten. Dies ist als nicht im Sinne des Pferdes anzusehen.

Somit geben die Ethischen Grundsätze des Pferdefreundes vor, dass der Mensch Verantwortung für das ihm anvertraute Pferd wahrnehmen muss, und dieser stets im Sinne des Pferdes gerecht werden **muss**. Der Gesetzgeber jedoch **erlaubt** es allen Menschen, ihre Verfügungsgewalt über das Tier auch so zu nutzen, dass Handlungen durchgeführt werden können, die nicht im Sinne des Pferdes sind, was sein Lebensende angeht. Die dadurch entstehende Situation wird vielleicht an folgendem Beispiel klarer: Ich befehle einem Kind, dass es in sein Zimmer gehen muss, sage ihm aber gleichzeitig, dass es ihm auch erlaubt ist, dies nicht zu tun. Was wird das Kind tun? Eben das, was es selbst will und somit ist meine ausgesprochene Aufforderung unwirksam. Aus den betrachteten Gesetzen bzw. Vorgaben ergeben sich logische Inkonsistenzen, denn rein logisch müsste es, gesetzt den Fall, dass A geboten ist, der Fall sein, dass non-A verboten ist. Wenn ich stets im Sinne des Pferdes entscheiden muss, dürfte es mir nicht erlaubt sein, nicht im Sinne des Pferdes zu entscheiden.

Vielleicht kann man die hier vorliegende logische Inkonsistenz als Lichtblick dahingehend ansehen, dass von manchen Seiten höhere moralische Ansprüche als die vom Gesetzgeber vorgeschriebenen gefordert werden. Denn dieser ist selbst nicht eindeutig in seinen Vorgaben, wenn er fordert, dass Leben und Wohlbefinden von Tieren geschützt werden müssen, es aber gleichzeitig erlaubt, dies, wann immer es einem beliebt – man wird schon einen "vernünftigen" Grund finden – zu zerstören. Es mutet etwas scheinheilig an, hohe ethische Grundsätze zu predigen, dabei aber immer ein Hintertürchen für jene offen zu halten, die diesen nicht entsprechen wollen.

14   Gedanken zur Verbesserung der Situation

Aus dem Bewusstsein heraus, dass vielfach nicht tierschutzgerechte Methoden in der Pferdeausbildung angewendet werden, gab der Österreichische Pferdesportverband 2009 ein Merkblatt mit dem Titel "Verhaltensregelung für Richter und Stallkameraden zur Hintanhaltung von Tierquälerei bei Turnieren und beim Training" heraus. Darin wird Folgendes betont: "Geht man davon aus, dass der Straftatbestand der Tierquälerei [...] verwirklicht wird, ist der Versuch bzw. das Unterlassen der Verhinderung eines Verstoßes strafbar." (Eisenstädter 2009, p.1) Damit wurde darauf reagiert, dass das bloße Vorhandensein von Gesetzen nicht ausreichend ist, um die Einhaltung dieser sicherzustellen.

Besonders im Bereich Pferdehaltung sollte das Bewusstsein über die Strafbarkeit bei Nichtanzeige von Verstößen gehoben werden. Die allermeisten schauen weg, wenn sie Pferde sehen, die entgegen den Tierschutzvorgaben gehalten werden. Denn bei fremden Pferden geht einen das nichts an. Wenn jemand den verantwortlichen Besitzer auf die Missstände anspricht und womöglich Hilfe anbietet, wird dieser jemand zur persona non grata, zu einem Störenfried. Jeder, der Missstände in einem Einstellbetrieb meldet, wird von der Stallgemeinschaft sozial abgestraft. Somit sollte es nicht den Mitgliedern dieser Gemeinschaften überlassen werden, Missstände aufzuzeigen, denn diese sind sich der sozialen Sanktionen, die sie erwarten, bewusst und schrecken so meist davor zurück. Neben der Bewusstseinsbildung der involvierten Menschen wäre vielleicht eine jährliche unangemeldete Überprüfung der Gegebenheiten durch eine öffentliche Instanz zielführend. So könnten eventuelle Missstände festgestellt und die Verantwortlichen dazu gebracht werden, dass sie sich zumindest die gesetzlichen Vorgaben zur Pferdehaltung vor Auge führen und diese kennen. Dabei sollte auf vernachlässigte Pferde, die sich psychisch zurückgezogen haben, eingegangen werden. Ebenso sollte darauf geachtet werden, ob manche Tiere einen schlechten Fütterungszustand aufweisen oder auch Schädigungen, die durch schlechte Behandlung bzw. Nutzung auftreten. Der Gesetzgeber sieht "unter Vornahme einer Risikoanalyse" stichprobenartige Kontrollen vor. Dies bedeutet in der Praxis wahrscheinlich, dass nur dann überprüft wird, wenn Hinweise auf Verstöße vorliegen. Diese Vorgehensweise ist jedoch nicht ausreichend effektiv, um Missständen entgegenzuwirken.

Behördliche Überwachung
(1) Die Überwachung der Einhaltung der Vorschriften dieses Bundesgesetzes und der darauf gegründeten Verwaltungsakte obliegt der Behörde.
(2) Landwirtschaftliche Nutztierhaltungen sowie Tierhaltungen [...] sind von der Behörde unter Vornahme einer Risikoanalyse in systematischen Stichproben an Ort und Stelle auf die Einhaltung

der Vorschriften dieses Bundesgesetzes und der darauf gegründeten Verwaltungsakte zu kontrollieren, wobei die Kontrollen nach Möglichkeit gemeinsam mit sonstigen aufgrund von Gesetzen oder Verordnungen durchzuführenden Kontrollen vorzunehmen sind. (Gesamte Rechtsvorschrift für Tierschutzgesetz, § 35, Fassung vom 26.08.2012)

Ein Schritt in die richtige Richtung kam z.B. von der österreichischen Pferdezeitschrift "Pferdplus" mit ihrem Reitschultest. Bei diesen Tests werden anonyme Testreiter in Reitschulen geschickt. Diese nehmen dort Reitstunden, bewerten die Angebote und Zustände vor Ort und machen auch Fotos. Die Ergebnisse dieser Tests werden in der Pferdezeitschrift veröffentlicht. Gleichzeitig werden die getesteten Reitschulen eingeladen, zu den Ergebnissen Stellung zu nehmen. Großteils gehen die Betreiber der Reitschulen darin auf die Kritik ein und versprechen Verbesserungen. Gleichzeitig wird das Bewusstsein der Leserschaft gestärkt, welche Zustände pferdegerecht sind und welche nicht. Diese Reitschultests stellen eine Möglichkeit dar, missliche Zustände aufzuzeigen, Bewusstseinsbildung durchzuführen und tatsächliche Verbesserungen zu bewirken, ohne dass die Gefahr eines Überwachungsstaates à la Big Brother entsteht. Dennoch wird leichter Druck auf die Reitschulbetreiber ausgeübt, die sich bewusst sind, dass auch ihr Stall irgendwann einem anonymen Reitschultest unterzogen werden könnte.

Wir brauchen also Mechanismen, die Missstände aufzeigen und dazu führen, dass Tierschutzvorgaben rund ums Pferd besser eingehalten werden, ohne ein Denunziationssystem zu entwickeln, das zweifellos zu Unbehagen und Misstrauen führen würde. Da es in vielen Bereichen Missstände gibt, ist das momentane System nicht ausreichend effizient, um Missständen entgegenzuwirken. Obwohl es in allen Bundesländern Ombudsmänner bzw. -frauen für Verstöße gegen den Tierschutz gibt (was natürlich zu begrüßen ist), ist auch diese Institution nicht ausreichend, denn wer ist schon gern ein Denunziant?

Für die Bekämpfung von Missständen im Pferdesport sind oft einzelne Personen prägend, die die Missstände thematisieren, diese diskutieren, begründen, warum es sich dabei um Missstände handelt und pferdegerechte Methoden und Wege aufzeigen. In der gegenwärtigen Entwicklung hat der deutsche Tierarzt Gerd Heuschmann sehr viel bewegt. Es erfordert Mut und Entschlossenheit, um solche Rollen einzunehmen. Durch seine viel gelesenen Veröffentlichungen konnte seine Argumentation einem breiten Publikum zugänglich gemacht werden. Dies trägt zur (Meinungs)Bildung von kleineren Multiplikatoren bei, die z.B. als Trainer pferdegerechte Arbeitsweisen, Wissen und Verständnis weiterverbreiten. Auch die Medien haben viel Potenzial und nützen dies auch, indem sie tierschutzverachtende Zustände kritisch aufgreifen. Dies gilt nicht nur für Missstände im Bereich Pferdesport, sondern erstreckt sich über sämtliche tierschutzrelevanten Zustände rund ums Pferd.

Zitierte und empfohlene weiterführende Literatur

BAIER, Kurt. *The Moral Point of View. A Rational Basis of Ethics*. Ithaca: Cornell UP, 1958.

BENTHAM, Jeremy. *An Introduction to the Principles of Morals and Legislation*. London: W. Pickering, 1828.

BERAN, Anja. *Aus Respekt! Besinnung auf den Ursprung. Für Reiter, die es wirklich wissen wollen*. Schondorf: Wu Wei, 2008.

BERNATZKY, G. "Schmerz bei Tieren", In: Sambraus, H.H.; Steiger, A. (Hg.): *Das Buch vom Tierschutz*. Stuttgart: Enkel, 1997. p. 40-56.

DARWIN, Charles. *Die Abstammung des Menschen*. Stuttgart: Kröner, 1966.

DÜE, Michael; HERTSCH, Bodo; HOFFMANN, Gerlinde; MIESNER, Susanne; MIESNER, Klaus; VELTJENS-OTTO-ERLEY, Catharina; WANN, Joachim; ZEEB, Klaus. *Richtlinien für Reiten und Fahren Band 4 – Haltung, Fütterung, Gesundheit und Zucht*. Warendorf: FNVerlag, 1997.

EISENSTÄDTER, Hardy. Merkblatt "Verhaltensregelung für Richter und Stallkameraden zur Hintanhaltung von Tierquälerei bei Turnieren und beim Training". Wien: Österreichischer Pferdesportverband, 2009. http://www.oeps.at/main.asp?VID=1&kat1=87&kat2=574&kat3=&Text=&DMKID=71 (24.08.2012)

EISENSTÄDTER, Hardy. *Rechtliche Verantwortung des Reit-/ Fahrlehrers, Tierhalters, Veranstalters, Unfallstatistik.* Wien: Österreichischer Pferdesportverband, 2012.

FENNER, Dagmar. (Hg.) *Einführung in die Angewandte Ethik.* Stuttgart: UTB, 2010.

FOER, Jonathan Safran. *Eating Animals.* New York: Back Bay Books, 2009.

FRÖMMING, Angelika. *Bilder und Fakten zur Entwicklung der Ausbildung von Reiter und Pferd im Dressur- und Springreiten.* Warendorf: FNverlag der Deutschen Reiterlichen Vereinigung, 2011.

HARE, Richard M. "Pain and Evil", In: Ders. (Hg.): *Essays on the Moral Concepts.* London: Macmillan, 1972. p.76-91.

HEUSCHMANN, Gerd. *Finger in der Wunde – Was Reiter wissen müssen, damit ihr Pferd gesund bleibt.* Schondorf: Wu Wei, 2008.

HEUSCHMANN, Gerd. *Balanceakt – In dubio pro equo.* Schondorf: Wu Wei, 2011.

HIGGINGS, Gillian; MARTIN, Stephanie. *Anatomie verstehen – besser reiten: Bewegungsabläufe sichtbar gemacht.* Stuttgart: Franckh Kosmos, 2010.

HULL, David L. "On Human Nature", In: *Philosophy of Science Association*, Nr. 2. 1986. pp. 3-13.

KAPLAN, Astrid. *Solange es Schlachthäuser gibt, wird es Schlachtfelder geben – Von einer Notwendigkeit eines*

Quantensprungs des Mitgefühls. Berlin: trafo Wissenschaftsverlag, 2010.

KAPLAN, Helmut F. *Der Verrat des Menschen an den Tieren.* Neukirch-Egnach: Vegi-Verlag, 2007.

KAPLAN, Helmut F. *Ich esse meine Freunde nicht oder Warum unser Umgang mit Tieren falsch ist.* Berlin: trafo Wissenschaftsverlag, 2009.

KAPLAN, Helmut F. *Tiere haben Rechte – Argumente und Zitate von A - Z.* 1998. Erlangen: Harald Fischer, 2010.

KARL, Philippe. *Irrwege der modernen Dressur – Die Suche nach einer „klassischen" Alternative.* Brunsbek: Cadmos: 2006/2007.

LOCKE, John. *Versuch über den menschlichen Verstand.* Band I: Buch I und II. Hamburg: Felix Meiner, 2006.

MCGINN, Colin. "Eating Animals is Wrong". In: *London Review of Books*, Nr. 13.2. 1991. pp. 14-16.

MIESNER, Susanne; BÖDICKER, Georg Christoph; PLEWA, Martin; PUTZ, Michael. *Richtlinien für Reiten und Fahren Band 2 – Ausbildung für Fortgeschrittene.* Warendorf: FNVerlag, 1997.

MIESNER, Susanne; PUTZ, Michael; PLEWA, Martin. *Richtlinien für Reiten und Fahren Band 1 – Grundausbildung für Reiter und Pferd.* Warendorf: FNVerlag, 1997.

PAUEN, Michael. *Was ist der Mensch? Die Entdeckung der Natur des Geistes.* München: DVA, 2007.

PAUEN, Michael und ROTH, Gerhard. *Freiheit, Schuld und Verantwortung. Grundzüge einer naturalistischen Theorie der Willensfreiheit.* Frankfurt am Main: Suhrkamp, 2008.

PLINZNER, Paul. *Ein Beitrag zur praktischen Pferde-Dressur.* 1879. Hildesheim: Olms, 2007.

PRECHT, Richard David. *Noahs Erbe Vom Recht der Tiere und den Grenzen des Menschen.* Hamburg: Rotbuch, 1997.

PRECHT, Richard David. *Die Kunst, kein Egoist zu sein – Warum wir gerne gut sein wollen und was uns davon abhält.* München: Wilhelm Goldmann, 2010.

RIEGLER, Johann. *Beruf Oberbereiter – Persönliche Notizen und Erfahrungen an der Spanischen Hofreitschule Wien.* Schondorf: Wu Wei Verlag, 2010.

SCHESCHI, Katharina Maria. *Von menschlichen und nichtmenschlichen Tieren – Eine Fallstudie zur Thematisierung des Mensch-Tier-Bildes nach evolutionsbiologischen, ethologischen und ethischen Gesichtspunkten im zeitgemäßen Biologieunterricht.* Diplomarbeit zur Erlangung des Magistergrades an der Naturwissenschaftlichen Fakultät der Universität Salzburg. 2004.

SCHMIDT, Romo. *Fehler und Irrtümer in der Pferdehaltung.* Stuttgart: Müller Rüschlikon, 2008.

SCHOLZ, Fabian. *Die Bedeutung der „Ethischen Grundsätze des Pferdefreundes" und die Möglichkeiten ihrer praktischen*

Umsetzung. Meisterarbeit zur Erlangung des Pferdewirtschaftsmeisters. 2007. http://www.sportpferde-scholz.de/assets/files/meisterarbeit.pdf (28.01.2012).

SCHWEITZER, Albert. *Ehrfurcht vor den Tieren*. München: C.H. Beck, 2006.

SINGER, Peter. *Animal Liberation*. 2009. New York: Harper Collins, 1975.

SINGER, Peter. *The Expanding Circle – Ethics, Evolution, and Moral Progress*. Princeton, NJ: Princeton University Press, 1981.

SINGER, Peter. *Praktische Ethik*. Stuttgart: Reclam, 1994.

WOLF, Jean-Claude. *Tierethik – Neue Perspektiven für Menschen und Tiere*. Erlangen: Harald Fischer, 2005.

WOLF, Ursula (Hg.). *Texte zur Tierethik*. Stuttgart: Reclam, 2008.

WUKETITS, Franz M. *Wie viel Moral verträgt der Mensch?* Gütersloh: Gütersloher Vertragshaus, 2010.

Weitere Quellen

Konsumentenschutzgesetz
http://www.ris.bka.gv.at/GeltendeFassung.wxe?Abfrage=Bundes
normen&Gesetzesnummer=10002462 (12.05.2013)

Leitlinien für den Tierschutz im Pferdesport
http://www.bmelv.de/SharedDocs/Standardartikel/Landwirtschaft
/Tier/Tierschutz/TierschutzPferdesport.html (27.08.2012)

Leitlinien zur Beurteilung von Pferdehaltungen unter
Tierschutzgesichtspunkten
http://www.bmelv.de/SharedDocs/Downloads/Landwirtschaft/Tie
r/Tierschutz/GutachtenLeitlinien/HaltungPferde.pdf;jsessionid=9
DA67C04AE3D62A072B958C104BB9F5F.2_cid358?__blob=p
ublicationFile (12.05.2013)

Tierhaltungsverordnung
http://www.ris.bka.gv.at/GeltendeFassung.wxe?Abfrage=Bundes
normen&Gesetzesnummer=20003820 (27.08.2012)

"Tierschutzaspekte bei der Euthanasie von Pferden"
(Merkblatt Nr. 109). Tierärztliche Vereinigung für Tierschutz
e.V. 2007. http://www.tierschutz-tvt.de/merkblaetter.html#c6
(26.08.2012)

Tierschutzgesetz
http://www.ris.bka.gv.at/GeltendeFassung.wxe?Abfrage=Bundes
normen&Gesetzesnummer=20003541 (27.08.2012)

Appendix

Die Ethischen Grundsätze des Pferdefreundes
(Quelle: ÖTO 2011, p.3)

1. Wer auch immer sich mit dem Pferd beschäftigt, übernimmt die Verantwortung für das ihm anvertraute Lebewesen.
2. Die Haltung des Pferdes muss seinen natürlichen Bedürfnissen angepasst sein.
3. Der physischen wie psychischen Gesundheit des Pferdes ist unabhängig von seiner Nutzung oberste Bedeutung einzuräumen.
4. Der Mensch hat jedes Pferd gleich zu achten, unabhängig von dessen Rasse, Alter und Geschlecht sowie Einsatz in Zucht, Freizeit oder Sport.
5. Das Wissen um die Geschichte des Pferdes, um seine Bedürfnisse sowie die Kenntnisse im Umgang mit dem Pferd sind kulturgeschichtliche Güter. Diese gilt es zu wahren, zu vermitteln und nachfolgenden Generationen zu überliefern.
6. Der Umgang mit dem Pferd hat eine persönlichkeitsprägende Bedeutung gerade für junge Menschen. Diese Bedeutung ist stets zu beachten und zu fördern.

7. Der Mensch, der gemeinsam mit dem Pferd Sport betreibt, hat sich und das ihm anvertraute Pferd einer Ausbildung zu unterziehen. Ziel jeder Ausbildung ist die größtmögliche Harmonie zwischen Mensch und Pferd.

8. Die Nutzung des Pferdes im Reit-, Fahr- und Voltigiersport muss sich an seiner Veranlagung, seinem Leistungsvermögen und seiner Leistungsbereitschaft orientieren. Die Beeinflussung dieser Faktoren durch medikamentöse oder nicht pferdegerechte Einwirkung des Menschen ist abzulehnen und muss geahndet werden.

9. Die Verantwortung des Menschen für das ihm anvertraute Pferd erstreckt sich auch auf das Lebensende des Pferdes. Dieser Verantwortung muss der Mensch stets im Sinne des Pferdes gerecht werden.

Leitlinien für den Tierschutz im Pferdesport

Arbeitsgruppe Tierschutz und Pferdesport (1. November 1992)

- Einleitung
  - I. Umgang mit Pferden bei Ausbildung und Nutzung
    - 1. Grundsätzliches
    - 2. Verständigung zwischen Mensch und Pferd
    - 3. Ausbildung und Training
    - 4. Haltungsumfeld
  - II. Ausbildungsbeginn, Einsatz und Wettbewerbe
    - 1. Mindestalter für Ausbildung und Einsatz des Pferdes
  - III. Ausrüstung und Geräte
    - 1. Die Ausrüstung von Pferd und Reiter und ihre Anwendung
    - 2. Hindernisse und Geräte
    - 3. Fahrzeuge/Fahrgeräte
    - 4. Transport
  - IV. Doping
  - V. Schlussbemerkungen
  - VI. Zusammensetzung der Arbeitsgruppe Tierschutz und Pferdesport
  - Anhang zu Punkt II. 1. b

Einleitung

In früherer Zeit war dem Pferd als Zug- und Reittier eine für die Menschen lebensnotwendige Rolle zugewiesen. Heute werden Pferde überwiegend für Sport und Freizeit gehalten. Dies ist im

Rahmen der gesetzlichen Bestimmungen rechtens, jedoch sind an den Umgang mit Pferden Anforderungen zu stellen, die der Verantwortung des Menschen für das Tier als Mitgeschöpf gerecht werden müssen, denn "niemand darf einem Tier ohne vernünftigen Grund Schmerzen, Leiden oder Schäden zufügen" (Paragraf 1 des Tierschutzgesetzes).
Verboten ist es nach Paragraf 3 des Tierschutzgesetzes

- "einem Tier außer in Notfällen Leistungen abzuverlangen, denen es wegen seines Zustandes offensichtlich nicht gewachsen ist oder die offensichtlich seine Kräfte übersteigen, ...

- ein Tier auszubilden, sofern damit erhebliche Schmerzen, Leiden oder Schäden für das Tier verbunden sind, ...

- ein Tier zu einer Filmaufnahme, Schaustellung, Werbung oder ähnlichen Veranstaltung heranzuziehen, sofern damit Schmerzen, Leiden oder Schäden für das Tier verbunden sind, …

- an einem Tier bei sportlichen Wettkämpfen oder ähnlichen Veranstaltungen Dopingmittel anzuwenden."

Der verhaltens- und tierschutzgerechte Umgang mit Pferden bei der Ausbildung, beim Training und bei der Nutzung verlangt ein hohes Wissen und Können.
Tierlehrer und Personen, die häufig mit Pferden Umgang haben, müssen in der Lage sein, das Verhalten des Pferdes als Ausdruck seiner Befindlichkeit zu erkennen und zu akzeptieren, von ihm nur die jeweils möglichen Leistungen zu verlangen und die für die Situation geeigneten Hilfen anzuwenden. Deshalb müssen diesem Personenkreis bei der Aus- und Fortbildung auch Erkenntnisse der Verhaltenslehre vermittelt werden.
Die vorliegenden Leitlinien zeigen die Anforderungen auf, welche an Umgang, Ausbildung und Training von Pferden sowie an jegliche Nutzung dieser Tiere, insbesondere in sportlichen Wettbewerben (einschließlich Leistungsprüfungen), in der Freizeit, bei der Reiter- und Fahrerausbildung, aber auch in der Land- und Forstwirtschaft, unter den Aspekten des Tierschutzes zu stellen sind.

I. Umgang mit Pferden bei Ausbildung und Nutzung

Das Pferd ist nur dann in der Lage, seine angeborenen Anlagen voll zu entfalten, wenn seine artgemäßen Lebensanforderungen erfüllt werden und es sich mit seiner Umwelt - das heißt auch mit dem Menschen - in Einklang befindet. Dies zu erreichen, muß Ziel aller Ausbildung und Nutzung von Pferden sein.

Voraussetzung dafür ist, dass das Pferd nicht "vermenschlicht", sondern seiner Art gemäß behandelt wird.

1. Grundsätzliches

a) Verhalten in bezug auf Nutzen und Schaden für den Organismus

Jedes Tier zeigt ein seiner Art entsprechendes Verhalten, um Stoffe, Reize und räumliche Strukturen seiner Umgebung zu nutzen oder, falls sie für schädlich gehalten werden, sie zu meiden ("Bedarfsdeckung und Schadensvermeidung"). Sinnesreize aus der Umgebung werden vom Tier hinsichtlich möglicher Auswirkungen auf den Körper erfaßt und mit entsprechendem Verhalten beantwortet.

b) Bewegung

Unter naturnahen Bedingungen bewegen sich Pferde im Sozialverband zur Futteraufnahme bis zu 16 Stunden am Tag. Unter Haltungsbedingungen ist daher täglich für angemessene Bewegung zu sorgen.

c) Fluchttier

Körper und Verhalten des Pferdes entsprechen seiner hohen Spezialisierung als Fluchttier. Schreckhaft zu sein ist für Pferde natürlich und bewahrt sie vor möglichen Schäden. Beim Umgang mit Pferden, besonders bei ihrer Ausbildung, muß dieses angeborene Verhalten berücksichtigt werden. Pferde wegen Schreckreaktionen oder Scheuen zu bestrafen, ist deshalb falsch und verstärkt nur Angst und körperliche Verspannung.

d) Herdentier

Für Pferde ist unter natürlichen Bedingungen der soziale Verband lebenserhaltend; Alleinsein ist für sie wesensfremd. Darauf ist nicht nur während der Ausbildung, sondern beim gesamten Umgang mit ihnen und bei der Gestaltung des Haltungsumfeldes Rücksicht zu nehmen.

Pferde fühlen sich nur in Gesellschaft von Artgenossen oder von anderen Lebewesen, die sie als Partner akzeptieren, sicher. Einem Pferd außerhalb eines Herdenverbandes Sicherheit zu vermitteln, bedarf daher ständiger und geduldiger Zuwendung.

e) Wissen und Einfühlungsvermögen des Menschen

Tierlehrer und Personen, die mit Pferden häufig Umgang haben (z. B. Ausbilder, Trainer, Reiter, Fahrer, Pfleger, Schmied, Tierarzt), müssen das angeborene Verhalten von Pferden und ihr arttypisches Ausdrucksverhalten kennen und verstehen. Sie sollen auch in der Lage sein, das vom Einzeltier im Laufe seines Lebens erworbene Verhalten und die jeweils bestehende Handlungsbereitschaft des Tieres zu erkennen und entsprechend zu berücksichtigen.

f) Vertrauen des Tieres zum Menschen

Unbekanntes löst beim Pferd in der Regel Meidereaktionen aus. An fremde Dinge muß das Pferd deshalb langsam und mit sinnvoller Hilfengebung herangeführt und gewöhnt werden. Es ist falsch, in solchen Situationen auf das Pferd gewaltsam einzuwirken. Ziel beim Umgang mit dem Pferd muß sein, dass es den Menschen als ein Lebewesen erkennt, gegenüber dem keine schadensvermeidenden Reaktionen erforderlich sind und in dessen Gegenwart es sich auch in bedrohlich erscheinenden Situationen sicher fühlt. Das Vertrauen zum Menschen ist auch Voraussetzung für das Pferd, die Zeichen und Hilfen verstehen und annehmen zu können.

g) Mensch als Partner

Das Pferd begreift den Menschen als "sozialen Partner", der ranghöher, ranggleich oder rangniedriger sein kann, oder aber als Feind.

Rangleichheit gegenüber dem Pferd schafft häufige Auseinandersetzungen, Unterlegenheit des Menschen erschwert die Ausbildung, Feindschaft verhindert sie.

Der Mensch soll seine ranghöhere Position durch Einfühlung und Zuwendung zum Pferd, Wissen und Erfahrung, Konsequenz und Bestimmtheit erreichen. Brutalität erzeugt nicht höheren Rang, sondern Feindschaft.

Der Mensch muß begreifen, dass das Pferd nur dann "Fehler" macht, wenn es die Hilfen nicht verstanden hat, es abgelenkt ist, das Verlangte zu häufig wiederholt wird (beispielsweise durch ständiges Üben derselben Lektion) oder das Pferd überfordert ist. Er muß auch wissen, dass solche "Fehler` und scheinbarer Ungehorsam auch aus körperlichen oder gesundheitlichen Mängeln oder aus früherer Überforderung entstehen können.

2. Verständigung zwischen Mensch und Pferd

a) Hilfen

Hilfen sind als Verständigungsmittel zwischen Mensch und Tier anzusehen, die der Auslösung der gewünschten Reaktionen dienen. Die Hilfengebung muß für das Tier verständlich und konsequent erfolgen. Dabei sind Hilfen zu minimieren, das heißt der Zweck soll -mit dem jeweils geringstmöglichen Aufwand und der jeweils geringstmöglichen Intensität an Einwirkungen erreicht werden. Hilfen dürfen im Grundsatz keine Schmerzen verursachen. Die Grenze der Intensität von Einwirkungen auf das Pferd ist am Vergleich mit dem innerartlichen Sozialverhalten der Pferde und den dort angewandten Verständigungs- und Durchsetzungsmitteln zu orientieren, soweit diese nicht zu Schäden führen.

b) Art der Hilfen

Die Verständigung zwischen Mensch und Pferd wird möglich durch:

1. Stimmhilfen (zum Beispiel beruhigend, auffordernd, belohnend),
2. optische Zeichen (zum Beispiel Körpersprache des Ausbilders),
3. Berührungshilfen (zum Beispiel Schenkeldruck, Touchieren mit der Gerte oder Peitsche),
4. Gewichtshilfen (Sitz),
5. Führungshilfen (zum Beispiel Longe, Zügel).

Voraussetzung erfolgreicher Einwirkung ist die Verständigung durch richtige Hilfengebung, die sowohl theoretischer Grundkenntnisse als auch konsequenter Übung bedarf.

c) Lernen durch Belohnung

Das Lernen kann nur in kleinen Stufen erfolgen, wobei Hilfengebung, Reaktion auf die Hilfen des Ausbilders und die Belohnung des Pferdes miteinander verknüpft werden. Eine sinnvolle Ausbildung des Pferdes ist nur möglich, wenn es versteht, was man von ihm will. Das Pferd versteht den Willen des Tierlehrers am besten, wenn seine Reaktionen auf die Hilfen des Tierlehrers bei "Richtigmachen" belohnt oder "Falschmachen" nicht belohnt werden. Das Tier lernt," richtiges" Verhalten mit der Belohnung zu verknüpfen. Belohnung kann sein: Loben mit der Stimme, Zügel hingeben, Lektion beenden, Streicheln, Leckerbissen usw. Leckerbissen (wie Möhren oder Futterwürfel) sollen nur der Vertrauensbildung und der Belohnung dienen.

Der Versuch, Ausbildungsziele durch Bestrafung zu erreichen, ist nicht verhaltensgerecht, sondern ineffektiv und tierschutzwidrig.

d) Strafen als Ausnahmen

Strafen sowie Zurechtweisungen durch Hand, Gerte oder dergleichen, dürfen nur in unumgänglichen Situationen eingesetzt werden. Sie müssen angemessen sein (siehe auch Punkt 2a). Lob, Zurechtweisungen und Strafen sind nur in unmittelbarem Zusammenhang mit dem jeweiligen Verhalten wirksam. Strafen dürfen keine längerdauernden Schmerzen und keinesfalls Schäden verursachen.

Strafaktionen nach mißglücktem Einsatz sind sinnlos und tierschutzwidrig.

3. Ausbildung und Training

a) Ziel der Ausbildung

Ziel der Ausbildung und Nutzung von Pferden dürfen nur solche Leistungen, Verhaltens- und Bewegungsabläufe sein, die in der Tierart, in der Rasse sowie im einzelnen Pferd von Natur aus angelegt sind.

Nur wenn Körper und Verhalten des Pferdes für die angestrebte Leistung geeignet sind, kann das Ziel erreicht werden.

Es liegt in der Verantwortung des Menschen, Eignung und Grenzen des Pferdes zu erkennen.

b) Aufbau der Ausbildung und des Trainings

Junge Pferde müssen schonend ausgebildet und langsam an ihre Aufgaben herangeführt werden.

Die jeweiligen Schritte und Maßnahmen der Ausbildung müssen sich nach Alter und Entwicklungszustand des einzelnen Pferdes richten.

Sinnvolle Ausbildungsstufen sind auch Voraussetzung für bestmögliches Lernen und schonenden Aufbau der Leistungsfähigkeit.

Wenn talentierte Pferde Leistungen anbieten, die ihrem Entwicklungsstand voraneilen, so muß der Tierlehrer dafür Sorge tragen, dass die körperliche Entwicklung des Pferdes mit seiner Leistungsbereitschaft Schritt hält. Damit die durch das Training bewirkten Veränderungen von Körper und Verhalten des Pferdes physiologisch sind, ist auch auf richtigen Aufbau der Ausbildungs- und Trainingseinheiten zu achten. Beispielsweise sollen versammelnde und lösende Übungen im Wechsel erfolgen. Lösende Übungen müssen jeweils am Beginn und am Ende der

Arbeit stehen. Bei der Ausbildung und beim Training ist auch die Tagesform zu berücksichtigen; die Anforderungen sind dem aktuellen Leistungsvermögen anzupassen.

4. Haltungsumfeld

Zur Verantwortung des Menschen gegenüber dem Mitgeschöpf Pferd bei Ausbildung, Training und Nutzung gehört die artgemäße und verhaltensgerechte Gestaltung seines Umfeldes. Das gesamte Haltungssystem soll für die Pferde maximale Sicherheit und Geborgenheit bieten. Zur pferdegerechten Haltung und zum Vertrauensaufbau tragen entscheidend auch der einfühlsame Pfleger und der verständnisvolle, gut ausgebildete Hufschmied bei.

II. Ausbildungsbeginn, Einsatz und Wettbewerbe
1. Mindestalter für Ausbildung und Einsatz des Pferdes

a) Allgemeine Erziehung des Pferdes

Die allgemeine Erziehung des Pferdes gehört zur Ausbildung im weitesten Sinne und beginnt schon am ersten Lebenstag durch regelmäßigen Kontakt des Pflegers zum Fohlen. Ist das Fohlen mit dem Menschen vertraut, wird es an erste Hufpflegemaßnahmen, an das Putzen, an das Halfter, das Führen u.a. gewöhnt.

Nach dem Absetzen kann mit dem freien Lauftraining ohne Belastung, d. h. ohne Reiter, Fahrgerät und ohne Longe, begonnen werden. Gegen ein Mitlaufen des Fohlens als Handpferd ohne Trense und ohne Ausbinden ist nichts einzuwenden.

b) Ausbildung zum vorgesehenen Nutzungszweck

Die Ausbildung unter Gewöhnung an Zaumzeug, Longe, Sattel, Geschirr, Fahrzeug etc. darf nur von Personen mit entsprechenden Kenntnissen und Fähigkeiten durchgeführt werden.

Der Beginn der Ausbildung muß sich an der körperlichen Entwicklung des Pferdes orientieren. Im Zweifelsfall ist ein Tierarzt hinzuzuziehen.

Reit- und Fahrpferde früher als im Alter von 3 Jahren in die Ausbildung zum vorgesehenen Nutzungszweck zu nehmen, verletzt in der Regel die unter Punkt I.3 dargestellten Grundsätze. Bei frühreifen Pferderassen mit ausschließlichem Training auf Schnelligkeit kann das Mindestalter herabgesetzt werden (z. B. bei Pferden für Galopp- und Trabrennen), sofern auch hier die Grundsätze unter Punkt I.3 gewahrt bleiben.

Vor dem ersten Start sind alle Galopp- und Trabrennpferde fachtierärztlich zu untersuchen (siehe Anhang).

Bei der Ausbildung und beim Training ist darauf zu achten, dass ein für die Sportart geeigneter Boden zur Verfügung steht. Individuelle Veranlagungen für bestimmte Bodenarten sind zu berücksichtigen.

2. Wettbewerbseinsatz, weiterführende Ausbildung, Hengstleistungsprüfungen, Auktionen

Zwischen dem Beginn der Ausbildung und dem ersten Einsatz bei Wettbewerben oder vergleichbaren Veranstaltungen muß ein ausreichend langer und individuell angepaßter Zeitraum für den Leistungsaufbau zur Verfügung stehen. Dieser Grundsatz gilt ebenfalls bei der Weiterführung der Ausbildung in höhere Leistungsklassen.

Das früheste für den Wettbewerbseinsatz geeignete Alter und die Belastung in den einzelnen Reit- und Fahrdisziplinen ist je nach Sport- bzw. Nutzungsart sowie je nach Pferderasse unterschiedlich.

Die einzelnen Pferdezucht- und Sportverbände legen in ihren Regelwerken Mindestalter für den frühesten Einsatz der Pferde fest. Über diese Angaben zu Trainingsbeginn und Einsatzalter sowie über die Belastung in den einzelnen Sportarten besteht bisher kein allgemeiner Konsens. Daraus ergibt sich die Notwendigkeit weiterer Auswertung empirischer Erfahrungen und gezielter wissenschaftlicher Untersuchungen.

Übereinstimmung besteht darin, dass die bisherigen Mindestaltersangaben der Verbände nicht unterschritten werden dürfen. Ein höheres Mindestalter für Einsätze, als es allgemein gefaßte Regeln zulassen, kann für einzelne Pferde gelten, da die unter Punkt 1. 3. genannten Voraussetzungen zusätzlich erfüllt sein müssen. Einsätze junger Pferde, z. B. bei Hengstleistungsprüfungen oder bei Auktionen, sind analog zu vergleichbaren Anforderungen in Wettbewerben zu beurteilen.

3. Begrenzung der Wettbewerbseinsätze und Erholungszeiten

Die Häufigkeit der Einsätze eines Pferdes je Tag und Jahr ist nach den Anforderungen so zu begrenzen, dass Überforderungen oder Schäden vermieden werden.

Ungeeigneter Boden und extreme Wetterbedingungen können zu Schäden bei den Pferden führen. Bei für die betreffende Sportart ungeeignetem Boden oder extremen Wetterbedingungen sind Wettbewerbe nicht durchzuführen bzw. die Anforderungen den Wetterbedingungen anzupassen, z. B. durch Verkürzung der Strecken oder des Parcours, Auslassen schwerer Hindernisse.

Zwischen den Einsätzen sind Erholungszeiträume entsprechend der Beanspruchung der Pferde sicherzustellen. Der Zeitraum zwischen den Einsätzen muß Alter, Trainings- und Leistungsstand der Pferde berücksichtigen.

Die Häufigkeit des Einsatzes von Pferden in Wettbewerben ist unter Beachtung des Alters der Pferde so zu begrenzen, dass deren Gesundheitszustand auch langfristig nicht beeinträchtigt wird.

4. Gesundheitszustand bei der Nutzung der Pferde

Vor jeder Nutzung ist ein Pferd auf seinen Gesundheitszustand zu prüfen. Ein Pferd, bei dem vor, während oder nach der Nutzung Anzeichen einer Erkrankung auftreten, oder das einen nicht nur geringfügigen Schaden erlitten hat, ist umgehend einem Tierarzt vorzustellen.

Ein Pferd mit einer Erkrankung, die seine Nutzung ausschließt oder einschränkt, darf bis zu seiner Gesundung nicht oder nur insoweit eingesetzt werden, als es seinem Zustand angemessen ist und die Nutzung nicht zu Schmerzen, Leiden oder Schäden führt. Im Zweifelsfall ist ein Tierarzt hinzuzuziehen.

Ausbildung, Training und Nutzung der Pferde erfordern einen einwandfreien Zustand der Hufe. Eine ordnungsgemäße Hufpflege und soweit erforderlich, regelmäßiger, fehlerfreier, sachgemäßer Hufbeschlag sind daher unerlässlich.

Bei Wettbewerben muß eine angemessene tierärztliche Versorgung der Pferde in jedem Falle gewährleistet sein.

Grundsätzlich muß bei Wettbewerben ein Tierarzt anwesend, bei kleineren Veranstaltungen mindestens aber jederzeit erreichbar sein. Der Gesundheitszustand der Pferde und die ordnungsgemäße Ausrüstung sind durch den Veranstaltungs-/Turniertierarzt und ein Mitglied der Richtergruppe/Rennleitung stichprobenweise unmittelbar vor oder nach dem Wettbewerb zu prüfen.

Ein Pferd, bei dem während eines Wettbewerbes Krankheitserscheinungen erkennbar sind, oder das einen Schaden erlitten hat, darf nicht weiter eingesetzt werden, es sei denn, dass der Schaden nur geringfügig und für das Pferd offensichtlich nicht belastend ist. Der fachlich Verantwortliche hat zu entscheiden, ob das Pferd weiterhin eingesetzt werden kann, oder ob es vom Wettbewerb ausgeschlossen werden muß. In Zweifelsfällen ist das Pferd aus dem Wettbewerb zu nehmen; erforderlichenfalls ist ein Tierarzt hinzuzuziehen.

Bei allen Prüfungen, die mit besonders hohen Leistungsanforderungen verbunden sind, wie Vielseitigkeitsprüfungen ab Klasse L und Distanzritten, sollen die Pferde vor dem Einsatz durch einen Tierarzt einer Verfassungsprüfung unterzogen werden. Bei allen anderen Prüfungen sollten Verfassungsprüfungen stichprobenweise durchgeführt werden. Ergibt die Verfassungsprüfung hinsichtlich der Gesundheit oder der aktuellen Leistungsfähigkeit der Pferde für die betreffenden Wettbewerbe Zweifel, sind die Pferde vom Wettbewerb auszuschließen.

Nach Absolvierung von Geländeritten sind die Pferde unmittelbar nach dem Wettbewerb durch einen Tierarzt zu untersuchen. Pferde, die sich nicht in der physiologischen Zeitspanne erholt haben, sind nicht in die Wertung einzubeziehen.

5. Stürze und Verweigerungen

Stürze sind bei Wettbewerben und auch bei sonstiger Nutzung niemals völlig auszuschließen.

In folgenden Fällen ist ein Pferd aus dem Wettbewerb herauszunehmen bzw. ist eine andere Nutzung abzubrechen:

- Nach einem schweren Sturz (Bodenberührung durch Kopf, Hals, Rücken oder Brust),

- nach einem leichten Sturz oder einer Kollision, sofern das Pferd verletzt wurde (außer Bagatellverletzungen, wie Hautabschürfungen o. ä.)

- nach zwei leichten Stürzen im selben Start.

Nach Verweigerungen bei der Springausbildung und beim Springtraining sollen zunächst die Ursachen der Verweigerung gesucht und dann die Anforderungen nach Sprüngen über leichte, einladende Hindernisse allmählich erhöht werden.

Pferde, die in einer Springprüfung dreimal verweigert haben, sind aus dem Wettbewerb herauszunehmen. Springpferde, die aus diesen Gründen ausgeschlossen worden sind, sollten einen Korrektursprung über ein einladendes leichtes Hindernis auf dem Springplatz oder Übungsplatz absolvieren.

Pferde in Hindernisse "hineinzureiten", ist tierschutzwidrig.

III. Ausrüstung und Geräte

1. Die Ausrüstung von Pferd und Reiter und ihre Anwendung

a) Ausrüstung allgemein

Die Ausrüstung muß zweckdienlich, dem Pferd angepaßt und in einwandfreiem Zustand sein; sie darf keine Schmerzen, Leiden oder Schäden verursachen. So darf eine Zäumung mit Hebelwirkung nur von Reitern mit fortgeschrittenem Ausbildungsstand verwendet werden.

Sättel, Sattelunterlagen, Gurte, Geschirre u. a. sind so anzupassen und anzulegen, dass sie weder drücken noch scheuern können.

b) Zäumung

Die Zäumung muß passend und richtig verschnallt sein; eine atembeengende Verschnallung darf nicht benutzt werden. Zu scharfe, nicht passende, abgenutzte oder fehlerhaft eingeschnallte Gebisse können zu erheblichen Schmerzen und Schäden führen. Auch die Verwendung von gebißlosen Zäumungen (z. B. mechanische Hackamore) kann bei unsachgemäßer Verschnallung und Anwendung Schmerzen und Schäden verursachen.

c) Zügelhilfen

Zügel- und Longenhilfen bedürfen einer einfühlsamen Hand. Sie dürfen weder unsachgemäß eingesetzt werden noch mit Schmerzen für das Tier verbunden sein.

In der Regel soll bei Ausbildung und Training auf Hilfszügel verzichtet werden, sofern sie nicht, wie z. B. beim Longieren und bei der Ausbildung der Reiter, die Führungshilfe durch die Hand ersetzen.

Hilfszügel dürfen keine Zwangsmittel sein, sondern sollen über kurze Zeiträume dem Pferd helfen, das Geforderte zu verstehen und umzusetzen. Wird ein Pferd durch Hilfszügel, z. B. Schlaufzügel oder durch Zügelhilfen, häufig oder länger anhaltend in Spannung versetzt oder zu stark beigezäumt, so können erhebliche Schmerzen oder Schäden entstehen. Ein derartiger Gebrauch von Führungshilfen ist tierschutzwidrig.

Tierschutzwidrig ist es auch, Pferde im Stall, beim Transport oder auf dem Transportfahrzeug auszubinden.

d) Sporen

Die Benutzung von Sporen muß Reitern mit fortgeschrittenem Ausbildungsstand vorbehalten bleiben, die in der Lage sind, dieses Hilfsmittel kontrolliert einzusetzen. Sporen dürfen nicht missbräuchlich eingesetzt werden. Ihr Einsatz darf nicht zu Verletzungen führen.

Es sind nur solche Sporen zu verwenden, die bei sachgerechter Anwendung nicht zu Stich oder Schnittverletzungen führen.

e) Peitschen und Gerten

Der Gebrauch von Peitschen, Gerten oder ähnlichen Hilfsmitteln darf bei der Ausbildung, beim Training oder bei der Nutzung, einschließlich des Wettbewerbs, über eine Hilfengebung nicht hinausgehen. Der Peitschen- oder Gerteneinsatz am Kopf und an den Geschlechtsteilen ist tierschutzwidrig.

f) Führmaschinen

Führmaschinen, Laufbänder o. ä. dürfen das Bewegen oder Training durch den Tierlehrer nicht ersetzen, allenfalls ergänzen. Solche Hilfsmittel dürfen nur nach sorgfältiger Eingewöhnung der Pferde und nur unter wirksamer Aufsicht angewendet werden.

g) Unerlaubte Hilfsmittel und Manipulationen

Unerlaubt und tierschutzwidrig ist die Durchführung von Manipulationen oder die Anwendung von Hilfsmitteln durch die einem Pferd bei Ausbildung, Training und Nutzung ohne vernünftigen Grund Schmerzen zugefügt werden oder durch die Leiden oder Schäden entstehen können.
Darunter fallen z. B.

- die Anwendung stromführender Hilfsmittel, wie Elektrotreiber, Elektroführmaschinen mit stromführenden Treibhilfen, stromführende Sporen, stromführende Peitschen,

- die Durchführung von Manipulationen am Pferd zur Beeinflussung der Leistung, wie Blistern, präparierte Bandagen oder ähnliches,

- die Anwendung schädigender Beschläge oder das Anbringen von Gewichten an den Extremitäten,

- die Anwendung einer Methode des Barrens, bei der dem Pferd erhebliche Schmerzen zugefügt werden, um es zum stärkeren Anziehen der Karpal- oder Tarsalgelenke zu veranlassen, zum Beispiel Schlagen mit

Hindernisstangen, Gegenständen oder Stangen aus Eisen, Verwendung stromführender Drähte über dem Hindernis.

h) Unerlaubte Eingriffe

Ein Pferd mit Nervenschnitt (Neurektomie) oder eingesetzter Luftröhrenkanüle (Tracheotubus) in einem Wettbewerb zu starten, kann zu Schmerzen, Leiden oder Schäden führen und ist daher unzulässig. Tierschutzwidrig ist es auch, die Tasthaare oder Ohrhaare zu entfernen.

2. Hindernisse und Geräte

Hindernisse sind so zu gestalten, dass sie dem Ausbildungsstand und der Kondition des Pferdes angepaßt, vom Pferd gut zu sehen und so markiert sind, dass es sich auf das Überspringen, Umgehen oder Umfahren konzentrieren kann.

Hindernisse sind so zu gestalten, dass sie bei Kollisionen keine Verletzungen hervorrufen und beim Mißlingen des Sprunges das Pferd nicht gefährden.

Sportgeräte, wie Bälle, Poloschläger sowie sonstige Gegenstände müssen so gestaltet sein, dass sie die Pferde nicht verletzen können und durch sie keine Schmerzen oder Schäden zugefügt werden.

3. Fahrzeuge/Fahrgeräte

Die von Pferden zu ziehenden Fahrzeuge müssen in fahrtechnisch einwandfreiem Zustand sein, eine korrekte Anspannung erlauben und, soweit es sich nicht um Renn- und Trainingswagen des Trabrennsportes, Schlitten oder ähnliche Fahrgeräte handelt, mit funktionsfähigen Bremseinrichtungen ausgerüstet sein. Ihr Eigen- und Ladegewicht muß dem Leistungsvermögen der angespannten Pferde entsprechen. Die Anspannung hat so zu erfolgen, dass Verletzungen durch Fahrzeuge oder Fahrgeräte ausgeschlossen sind.

4. Transport

Transportmittel und Fahrweise müssen beim Transport von Pferden den spezifischen Anforderungen der Pferde entsprechen und dürfen keine Schmerzen, Leiden oder Schäden verursachen (siehe auch Empfehlung Nr. R (87)17 des Minister-Komitees an die Mitgliedstaaten des Europarates für den Transport von Pferden, Richtlinie des Rates vom 19. November 1991 über den Schutz von Tieren beim Transport sowie zur Änderung der Richtlinien 90/425/EWG und 91/496/EWG sowie Richtlinie 95/29/EG des Rates zur Änderung der Richtlinie 91/628 über den Schutz von Tieren beim Transport).

IV. Doping

1. Im Pferdekörper darf zum Zeitpunkt eines Wettkampfes kein Pharmakon und keine körperfremde Substanz enthalten sein.
Die Frage, ob ein Verstoß gegen § 3 Nr. 1 des Tierschutzgesetzes und damit eine Ordnungswidrigkeit vorliegt, ist durch Sachverständige, die zuständigen Behörden und letztlich die Gerichte im Einzelfall zu entscheiden.
2. Zur Begriffsbestimmung der Substanzen, die als Dopingmittel im Sinne dieser Leitlinie gelten, können jene Kriterien der Pferdesportverbände herangezogen werden, die von diesen in "Dopinglisten" oder als "unerlaubte Mittel" zur Verhinderung von "Doping" genannt werden. In den Auflistungen werden auch Substanzen genannt, von deren Verabreichung kein Schaden oder Nachteil für das Pferd zu erwarten ist. Das Tierschutzgesetz interpretiert anders als es durch die Verbände geschieht; "Dopingmittel" im Sinne dieses Gesetzes decken nur einen Aspekt der sehr umfangreichen Dopingproblematik ab. Die verbandsrechtlichen Bestimmungen berücksichtigen über die im Tierschutzgesetz angesprochenen Beweggründe hinaus weitere Kriterien. Es ist deshalb Aufgabe der Verbände, Dopingrichtlinien zu erlassen und ihre Ziele mit Hilfe ihrer Verbandsregeln zu verfolgen und durchzusetzen. Verstöße gegen die Dopingrichtlinien unterliegen verbandsinterner Ahndung; werden Tatsachen bekannt, die den Verdacht eines Verstoßes gegen das Tierschutzgesetz rechtfertigen, sind die zuständigen Behörden unverzüglich zu unterrichten.

3. Im Hinblick auf die Lebensmittelgewinnung festgelegte Wartezeiten für Tierarzneimittel sind für die "Dopingproblematik" nicht anwendbar.

Nach Verabreichung eines Medikamentes ist ein Pferd ggf. in einem anstehenden Wettbewerb nicht startberechtigt. Unabhängig davon ist dafür Sorge zu tragen, dass das Pferd im Krankheitsfall die erforderliche Behandlung erhält. Im Zweifel über den Zustand des Pferdes muß der Tierarzt hinzugezogen und die Rennleitung/Richtergruppe informiert werden.

4. Allen Ausbildern, Reitern, Trainern und Fahrern muß die Gesamtproblematik des Dopings bekannt sein, insbesondere das Verbot der Anwendung von Dopingmitteln.

5. Zur Verhinderung von Doping sind Kontrollen erforderlich, die verbandsrechtlich geregelt sind. Sie erstrecken sich auf

- den Nachweis chemischer Substanzen ("Dopingmittel") und deren Metabolite,

- das Verbot von Eigenblut- und Sauerstoffbehandlung,

- die tierärztliche Überwachung.

Die Feststellung der Anwendung eines "Dopingmittels" erfordert dessen Nachweis, wobei die zur Analyse kommenden Körperflüssigkeiten, z. B. Harn und/oder Blut, durch die individuellen Verbandsregeln vorgeschrieben werden.

6. Verantwortlich für die praktische Ausführung der Dopingkontrollmaßnahmen auf dem Gelände der Veranstaltung sind die Verbände, Veranstalter, Rennleitungen, Richter und die mit der Entnahme beauftragten Personen.

Dazu gehört:

- die Bereitstellung des "Dopingbestecks",

- die Auswahl der zur Kontrolle kommenden Pferde, die Überwachung der Pferde vor, während und nach dem sportlichen Wettbewerb,

- Bereitstellung einer für die Dopingprobenentnahme geeigneten Box bzw. bei kleineren Veranstaltungen eines geeigneten abgesperrten Platzes,

- die Anordnung einer Dopingkontrolle bei Verdacht (unabhängig von Routinekontrollen) und

- die ordnungsgemäße Lagerung und der Versand der Dopingproben.

Reiter, Fahrer und Trainer oder deren Beauftragte tragen vor und nach dem Wettbewerb die alleinige Verantwortung für das Pferd.

V. Schlussbemerkungen

Diese Leitlinien sind das Ergebnis des Bemühens aller an dieser Arbeit Beteiligten - BML, Verbände, Ländervertreter und anderer Sachverständiger - zu einvernehmlichen Feststellungen zu kommen. Es liegt auf der Hand, dass zu einzelnen Fragen abweichende oder weitergehende Auffassungen bestehen. Der vorliegende Text repräsentiert den Diskussionsstand zum Tierschutz im Pferdesport vom 1. November 1992. Nach jeweiligem Abschluß wissenschaftlicher Untersuchungen zu den noch offenstehenden Fragen und nach Vorliegen weiterer Erfahrungen aus der Praxis werden die Leitlinien fortgeschrieben.

VI. Zusammensetzung der Arbeitsgruppe Tierschutz und Pferdesport

Bundesministerium und Verbände:

- Bundesministerium für Ernährung, Landwirtschaft und Forsten
- Bundesverband Tierschutz/Arbeitsgemeinschaft Deutscher Tierschutz e. V.,
- Deutsche Reiterliche Vereinigung e. V. (FN),
- Deutsche Tierärzteschaft e. V.,
- Deutsche Veterinärmedizinische Gesellschaft e. V.,
- Deutscher Poloverband e. V.,
- Deutscher Tierschutzbund e. V.,
- Direktorium für Vollblutzucht und Rennen e. V.,
- Erste Westernreiter Union Deutschland e. V.,
- Hauptverband für Traberzucht und -Rennen e. V.,
- Islandpferde Reiter- und Züchterverband Deutschland e. V.,

- Tierhilfe Stiftung e. V.,
- Verein Deutscher Distanzreiter und Fahrer e. V.,
- Vereinigung der Freizeitreiter in Deutschland e. V. (VFD).

Ländervertreter: Dr. B. Kley, Dr. P. Müller.
weitere Sachverständige:

- Dr. K. Blobel, Dr. B. Huskamp, Dr. R. Larsen, Prof. Dr. K. Loeffler, Dr. E. Ludwig,
- Dr. M. Pick, Dr. W. Richter, Prof. Dr. U. Schnitzer, Prof. Dr. R. Schulz.

Vorsitz: Prof. Dr. K. Zeeb

Anhang zu Punkt II. 1. b
Fachtierärztliche Untersuchung von Rennpferden vor dem ersten Start (Deutsche Tierärzteschaft e. V., Direktorium für Vollblutzucht und Rennen e. V.)

Vor dem ersten Start sind alle Rennpferde fachtierärztlich zu untersuchen und zu begutachten, ob sie aus tierärztlicher Sicht für die Teilnahme an Rennen geeignet sind.

Die Zusammenfassung der Befunde des Protokolls (Begutachtung) ist vom Trainer mit dem Pferdepaß an das Direktorium für Vollblutzucht und Rennen e.V. zu senden. Erst nach der Eintragung der tierärztlichen Begutachtung im Pferdepaß ist das Pferd startberechtigt, sofern es als dafür geeignet befunden wurde.

Mit dieser Untersuchung soll gewährleistet sein, dass

1. nur gesunde Pferde zum Start zugelassen werden,

2. Gesundheitsschwächen aufgedeckt und rechtzeitig effektive Heilmaßnahmen eingeleitet werden,

3. die artgemäße und verhaltensgerechte Pferdehaltung in der kritischen Anlernphase des jungen Pferdes besonders beachtet wird und

4. keine Überforderung des jungen Pferdes stattfindet.